Solid Edge 2025 für Einsteiger – kurz und bündig

AF197097

Michael Schabacker

Solid Edge 2025 für Einsteiger – kurz und bündig

10. Auflage

Dr.-Ing. Dipl.-Math. Michael Schabacker ⓘD
Lehrstuhl Produktentwicklung und
Konstruktion
Otto-von-Guericke-Universität
Magdeburg
Magdeburg, Deutschland

ISBN 978-3-658-49834-4   ISBN 978-3-658-49835-1   (eBook)
https://doi.org/10.1007/978-3-658-49835-1

Die Deutsche Nationalbibliothek verzeichnet diese Publikation in der Deutschen Nationalbibliografie; detaillierte bibliografische Daten sind im Internet über https://portal.dnb.de abrufbar.

Planung/Lektorat: Ellen Klabunde
Springer Vieweg ist ein Imprint der eingetragenen Gesellschaft Springer Fachmedien Wiesbaden GmbH und ist ein Teil von Springer Nature.
Die Anschrift der Gesellschaft ist: Abraham-Lincoln-Str. 46, 65189 Wiesbaden, Germany

Wenn Sie dieses Produkt entsorgen, geben Sie das Papier bitte zum Recycling.

Vorwort

Studierende der Otto-von-Guericke-Universität Magdeburg werden seit über 30 Jahren an führenden 3D-CAx-Systemen mit dem Ziel ausgebildet, Grundfertigkeiten in der Anwendung der CAx-Technologie zu erwerben, ohne sich dabei nur auf ein einziges System zu spezialisieren. Das vorliegende Buch nutzt die vielfältigen Erfahrungen, die während der Ausbildung in Solid Edge gesammelt wurden.

Der Anspruch des Buches „kurz & bündig" kann nur eine Auswahl der grundlegenden Elemente von Solid Edge abbilden. Der Fokus liegt daher auf einer kurzen, verständlichen Darstellung der grundlegenden Modellierungstechniken, beginnend mit einfachen Bauteilen. Somit kann der Leser parallel zu den erläuterten Funktionen diese sofort praktisch anwenden und das Erlernte festigen.

Im ersten Kapitel werden grundlegende Begriffe und Befehle für die Benutzung von Solid Edge 2025 dargestellt, wobei der Stil der Buttons und Icons weiter an das Design des 3D-CAx-Systems NX angepasst wurde.

Im zweiten Kapitel werden zunächst eine allgemeine Vorgehensweise zur 3D-CAD-Modellierung und deren Arbeitstechniken zur Volumenmodellierung sowie die Modellierung von Extrusionskörpern dargestellt. Wie in der vorigen Auflage schon beschrieben, ist es empfehlenswert, in der Formatierungsleiste den entsprechenden Button für das Hinzufügen oder Entfernen von Material in dem zusammengeführten Dialog EXTRUSION für Extrusion und Ausschnitt zu drücken.

Im dritten Kapitel wird die Modellierung von Rotationskörpern beschrieben. Auch hier gilt vorige Empfehlung für das Hinzufügen oder Entfernen von Material in dem zusammengeführten Dialog ROTATION für Rotation und Rotationsausschnitt.

Im vierten Kapitel werden Einzelteile einer Baugruppe modelliert, in denen einige vorher behandelte Formelemente und unterschiedliche Einstellungsmöglichkeiten (z. B. für Abmaße) vertieft sowie weitere geometrische Formelemente (z. B. Erzeugung assoziativer Kopien von Bohrungen) behandelt werden. Eine wesentliche Neuerung besteht hier in der Anwendung des Mustern von Formelementen, da es nun zwei Möglichkeiten gibt: MUSTER-SCHNELLMUSTER und MUSTER-ÜBER SKIZZE. Die bisherige Vorgehensweise erfolgt über MUSTER-ÜBER SKIZZE, da sich die neue als nicht stabil erwiesen hat, wenn man nachträglich in PROFIL BEARBEITEN z. B. die Anzahl der Formelemente ändert. Die Technischen Zeichnungen zu Welle und Gehäuse wurden geringfügig angepasst.

Im fünften Kapitel werden die Einzelteile mit verschiedenen Beziehungstypen (z. B. An-/Aufsetzen von Flächen, planares Ausrichten von Flächen und Ebenen) zu einer Baugruppe verknüpft. Ein weiterer Schwerpunkt bildet das Ableiten von Geometrien, das sog. „Teil vor Ort erstellen", aus dem Zusammenbau. Des Weiteren wird der Leser bei den Zusammenbauverknüpfungen sensibilisiert, welche Komponente mit welcher Komponente verbaut sein muss, dass z. B. die Motorfunktion später auch funktioniert.

Im sechsten Kapitel wird die Ableitung technischer Zeichnungen behandelt.

Im siebten Kapitel werden verschiedene spezielle Solid Edge-Funktionen (Erstellung von Wölbungen, Formschrägen, dünnwandige Bauteilen, Rippen, Versteifungsnetzen, Lüftungsgittern, Lippen und Befestigungsdomen) vorgestellt. Neu ist hier die veränderte Anwendung der Wölbung innerhalb des Extrusionsdialogs.

Auf Blechteilmodellierung, Freiformflächenmodellierung, Schweißkonstruktion, Parametrisierung, Teilefamilien etc. sei auf das Fortgeschrittenen-Buch hingewiesen.

Dieses Buch wendet sich an Leser mit keiner oder geringer Erfahrung in der Anwendung von 3D-CAx-Systemen. Es soll das Selbststudium unterstützen und zu weiterer Beschäftigung mit Solid Edge anregen. In diesem Buch stehen die Vorgehensweisen und Basisfunktionalitäten der 3D-Modellierung im Vordergrund. Daher kann hier auf die Vorgehensweise mit Synchronous Technology – eine von der Konstruktionshistorie unabhängige Feature-basierte Modellierung – nicht eingegangen werden, da dies den Rahmen des Buches sprengen würde.

Durch den Aufbau des Textes in Tabellenform und die zahlreichen Abbildungen ist dieses Buch sehr gut als Schritt-für-Schritt-Anleitung geeignet, kann darüber hinaus auch als Referenz für die tägliche Arbeit mit dem System genutzt werden.

Besonderer Dank des Autors gilt Frau Franka Funke für die kreative Unterstützung sowie Frau Ellen-Susanne Klabunde, Frau Noémie Reuland und allen beteiligten Mitarbeitern des Verlags Springer Vieweg, Lektorat Maschinenbau für die konstruktive und freundliche Zusammenarbeit. Ebenso herzlichen Dank an die Leser der 9. Auflage, deren Hinweise bei der Überarbeitung des Buches mit eingeflossen sind. Natürlich ist der Autor auch weiterhin dankbar für jede Anregung aus dem Kreis der Leser bezüglich Inhalt, Darstellung und Reihenfolge der Modellierung mit Solid Edge.

Magdeburg, im Dezember 2025   Dr.-Ing. Dipl.-Math. Michael Schabacker

Interessenkonflikt Der/die Autor*in hat keine für den Inhalt dieses Manuskripts relevanten Interessenkonflikte.

Inhaltsverzeichnis

1 Einführung

Das Einführungskapitel gliedert sich in mehrere Abschnitte. Nach einer kurzen Klärung der verwendeten, grundlegenden Begriffe erfolgt die Erläuterung der Benutzungsoberfläche von Solid Edge 2025. Hier werden nacheinander alle einzelnen Menüpunkte, die vorhandenen Buttons und die Mausbelegungen mit ihren jeweiligen Funktionen vorgestellt.

Wie bei jedem Kapitel bildet eine kurze Zusammenstellung einfacher Kontrollfragen den Abschluss. Diese dienen dem Anwender als Selbstkontrolle zum vermittelten Inhalt des Kapitels.

1.1 Grundlegende Begriffe

Button	Taste
Doppelklick	Zweifache Betätigung einer Maustaste
(Erläuterung)	Erläuterung einer Aktion zum besseren Verständnis
Funktion	Modellierungsfunktion (siehe Bildschirmaufteilung)
Selektieren	Auswählen eines Geometrieobjektes mit der Maus
Vorgabewert	Vorgegebener Wert, der verändert werden kann
<Wert>	Tastatureingabe eines Zahlenwertes
<"Wert">	Tastatureingabe der Zeichenkette „Wert"
$\Rightarrow$	Trennung zwischen zwei Aktionen
/	Kurzform für „oder"
Gruppe	Zusammenfassung von Buttons (Funktionalitäten) in der Symbolleiste
Reiterkarte	Sortier- und Navigationshilfe, die der weiteren Unterteilung von Dialogen dient
⮐	Return-Taste

© Der/die Autor(en), exklusiv lizenziert an
Springer Fachmedien Wiesbaden GmbH, ein Teil von Springer Nature 2026
M. Schabacker, *Solid Edge 2025 für Einsteiger – kurz und bündig*,
https://doi.org/10.1007/978-3-658-49835-1_1

1.2 Starten von Solid Edge für 3D-Modellierung

Button START $\Rightarrow$ ALLE PROGRAMME $\Rightarrow$ SIEMENS SOLID EDGE 2025 $\Rightarrow$ SOLID EDGE 2025 $\Rightarrow$ Haken setzen, dass dieses Dialogfenster künftig nicht mehr angezeigt wird $\Rightarrow$ MIT SEQUENTIELL FORTFAHREN:

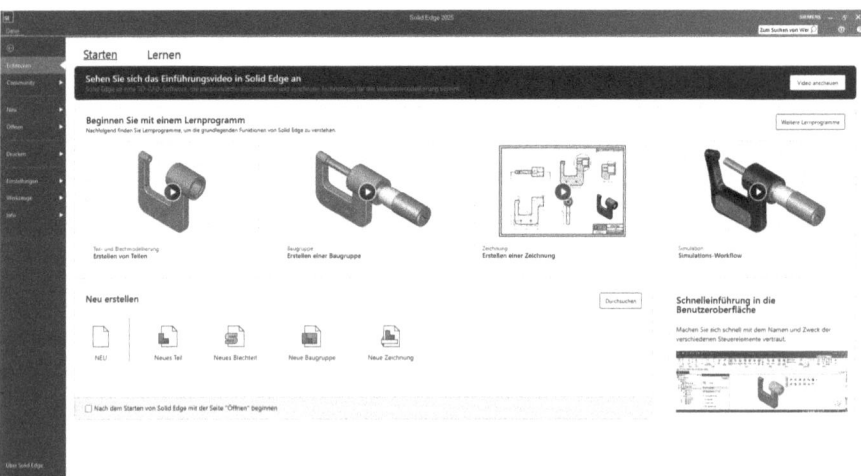

1.3 Anwendungen in Solid Edge 2025

Für die Erstellung von Teilen, Baugruppen und Zeichnungen sind jeweils andere, eigene Befehle notwendig. In Solid Edge existieren für die unterschiedlichen Aufgaben verschiedene Arbeitsumgebungen. Zur Speicherung der Daten aus den verschiedenen Arbeitsumgebungen stehen jeweils andere Dateitypen zur Verfügung. In Solid Edge 2025 gibt es den *Sequentiell* (traditionellen) und den *Synchronous* Modus. In den folgenden Kapiteln wird nur der *sequentielle* Modus verwendet, da dies für das Grundverständnis für die Systemphilosophie von Solid Edge als Einstieg ausreicht.

Sollte nach dem Starten von Solid Edge *Synchronous* gewählt worden sein ⇒ Schalten in den sequentiellen Modus: [SE] ⇒ Button EINSTELLUNGEN ⇒ Button OPTIONEN:

In den Solid Edge-Optionen: HILFEN ⇒ unter *Teil- und Blechdokumente* in dieser Umgebung starten ⇒ SEQUENTIELL auswählen:

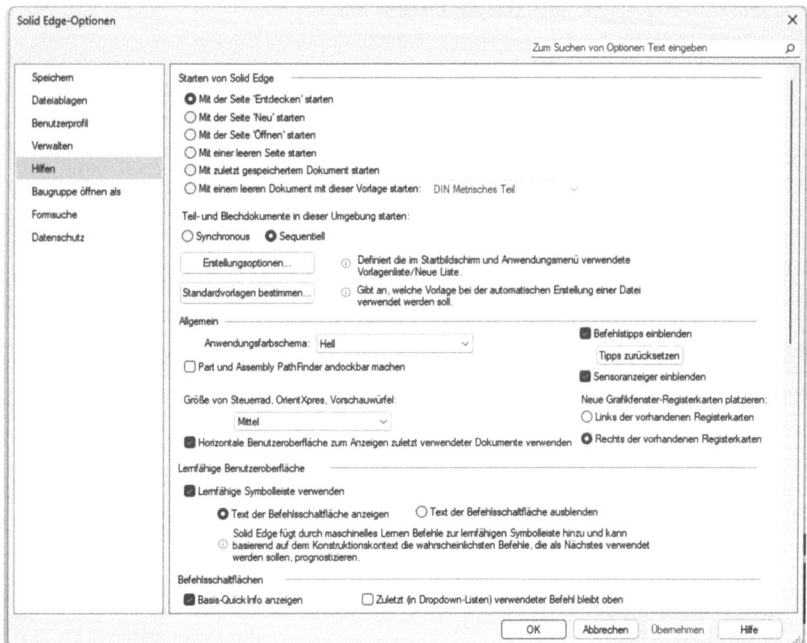

Sollte während der Installation nicht der Modellierstandard DIN-METRISCH aus-
gewählt worden sein, kann dies nachträglich eingestellt werden: Button ERSTEL-
LUNGSOPTIONEN drücken ⇒ unter Standardvorlagen DIN METRIC anklicken
⇒ OK ⇒ OK. Der Startbildschirm sieht nun wie folgt aus:

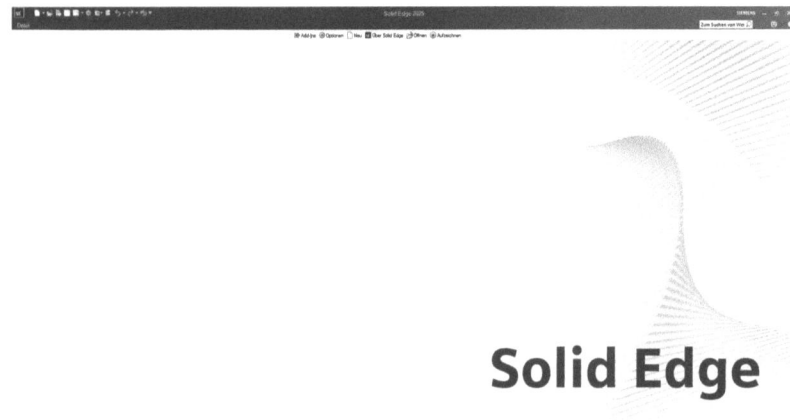

Solid Edge 2025 speichert die CAD-Dateien als <name>.Erweiterung. Die Dateierweiterung ist abhängig von der jeweils aktiven Anwendung:

Anwendung/ Arbeitsumgebung	Funktion/Angezeigter Anwendungs- name/Standardvorlage	Dateierweiterung
Solid Edge Part	Modellierung Einzelteile/ DIN Metrisches Teil/ din metric part.par	<name>.par
Solid Edge Sheet Metal	Modellierung Blechteile/ DIN Metrisches Blechteil/ din metric sheet metal.psm	<name>.psm
Solid Edge Assembly	Modellierung Baugruppen/ DIN Metrische Baugruppe/ din metric assembly.asm	<name>.asm
Solid Edge Draft	Zeichnungserstellung/ DIN Metrische Zeichnung/ din metric draft.dft	<name>.dft
Solid Edge Weldment	Modellierung Schweißkonstruktionen/ DIN Metrische Schweißkonstruktion/ din metric weldment.asm	<name>.asm

1.4 Solid Edge-Benutzungsoberfläche

Für eine Einzelteilmodellierung wird <"DIN Metrisches Teil"> geöffnet:

⇒ Unter [SE] auf DATEI ⇒ NEU ⇒ DIN METRISCHES TEIL

Im folgenden wird die Benutzungsoberfläche von Solid Edge von oben nach unten vorgestellt:

Schnellzugriffsleiste   zeigt häufig verwendete Befehle an.

Titelleiste   enthält den Namen der aktiven Umgebung und des aktiven Dokuments (Part, Draft, Sheet Metal, ...).

Multifunktionsleiste   enthält Befehle für die am häufigsten verwendeten Windows- und Solid Edge-Funktionen in der betreffenden Menüleiste.

                        Wird der Mauszeiger auf einen Button bewegt, erscheint ein Kurzfilm oder eine Kurzinfo mit Darstellung der Vorgehensweise der Funktion der Taste.

Aufforderungsleiste   enthält wichtige Informationen und Meldungen.

PathFinder   enthält Informationen über den Aufbau des Bauteils und dessen Chronologie links unter der Aufforderungsleiste.

Formatierungsleiste   dynamischer Dialog, dessen Inhalt sich dem gegenwärtig verwendeten Befehl anpasst, befindet sich in der Regel rechts neben dem PathFinder.

Arbeitsbereich   Hauptteil des Solid Edge-Fensters, befindet sich rechts neben dem PathFinder. In der Part- oder Assembly-Umgebung werden die Basisreferenzebenen und die Koordinatensysteme (Base) angezeigt. In der Draft-Umgebung werden mit Registern versehene Zeichnungsblätter angezeigt. Im Arbeitsbereich befindet sich rechts unten zum schnellen Anpassen der Modellansicht ein Navigationswürfel.

Schnellzugriffsleiste   Formatierungsleiste   Multifunktionsleiste   Titelleiste

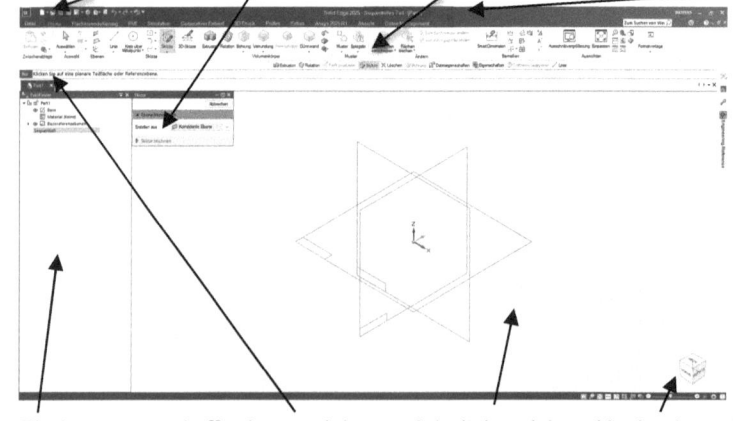

PathFinder   Aufforderungsleiste   Arbeitsbereich   Navigationswürfel

Die Benutzungsoberfläche kann analog zu anderen Windows-Anwendungen eingerichtet und verändert werden.

Hinweis: Die Schaltflächen können mehrfach mit Funktionen belegt sein. Dies wird durch einen schwarzen Pfeil rechts am Button bzw. unter einer Funktion angezeigt. Mehrfachfunktionen werden durch Anklicken des Pfeils mit der linken Maustaste ⊓ angezeigt. Mit Gedrückthalten der linken Maustaste wird die entsprechende Funktion ausgewählt. Der Button der vorher eingestellten Funktion wird jedoch nicht ersetzt.

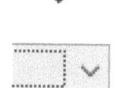

Hinweis: Ist bei einer Mehrfachbelegung die Funktion des sichtbaren Buttons nicht verfügbar, so können dennoch die anderen dort untergebrachten Funktionen verfügbar sein.

1.5 Mausbelegung

Die linke Maustaste ⊓ kann für folgende Vorgänge verwendet werden:

- Markieren eines Elements durch Klicken

- Markieren mehrerer Elemente durch Ziehen und Einzäunen

- Ziehen eines ausgewählten Elements

- Klicken oder Ziehen, um ein Element zu skizzieren

- Auswählen eines Befehls im Menü oder in der Symbolleiste

- Doppelklicken, um ein eingebettetes oder verknüpftes Objekt zu aktivieren

Die rechte Maustaste kann für folgende Vorgänge verwendet werden:

– Anzeigen eines Kontextmenüs (siehe Bild)

Kontextmenüs sind umgebungsabhängig. Die Befehle im Menü hängen von der aktuellen Mauszeigerposition und ggf. der Elementwahl ab.

– Neu Starten eines Befehls

Mit der Maus können auch Objekte identifiziert werden. Wird der Mauszeiger auf dem Zeichenblatt bewegt, werden Objekte unter dem Mauszeiger farblich hervorgehoben, womit angezeigt wird, dass sie identifiziert wurden. Wird der Mauszeiger von einem so markierten Objekt wegbewegt, erscheint es wieder in der ursprünglichen Farbe.

oder

1.5.1 Auswahl in 2D-Umgebungen

 In einem Profilfenster oder der Draft-Umgebung befindet sich am Pfeilende der Anzeiger für die Lokalisierungszone. Beim Verschieben der Maus wird jedes Element, über das dieser Anzeiger bewegt wird, in der Markierungsfarbe angezeigt.

1.5.2 Auswahl mittels QuickPick

 Beim Auswählen eines Elementes oder Objektes, das sich nicht eindeutig mit dem Mauszeiger markieren lässt, geschieht dies mit Hilfe der QuickPick-Symbolleiste. Werden Auslassungspunkte (...) am Mauszeiger angezeigt, wird die rechte Maustaste betätigt, um die QuickPick-Symbolleiste anzuzeigen. Beim Verschieben des Mauszeigers über die einzelnen Schaltflächen dieser Symbolleiste wird eines der überlappenden Elemente markiert.

 Rechtsklick beim Auswählen eines Elementes oder Objektes ⇒

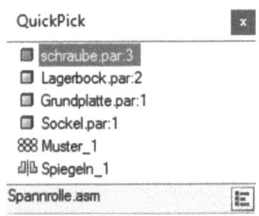

1.6 Anlegen neuer CAD-Dateien

Falls keine weitere Datei geöffnet ist, über die
DATEI auf NEU klicken ⇒ z. B. Auswählen des
Icons <"DIN Metrisches Teil"> ⇒ OK ⇒ Button
MIT ‚SEQUENTIELL' FORTFAHREN drü-
cken (damit dieser Dialog zukünftig nicht mehr
erscheint, ein Häkchen neben <Dieses Dialogfenster nicht mehr anzeigen> setzen).

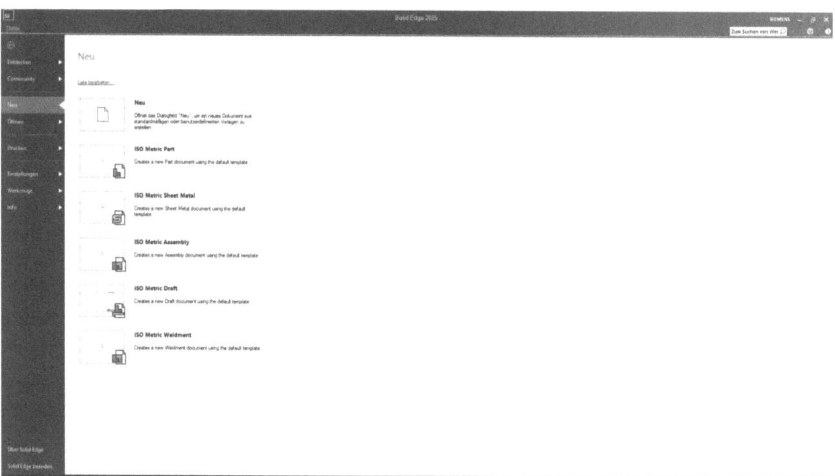

oder

DATEI ⇒ NEU ⇒ <"DIN Metrisches Teil">

1.6.1 Öffnen bestehender CAD-Dateien

ÖFFNEN ⇒ Datei auswählen ⇒ ÖFFNEN

Hinweis: Hier können auch Austauschformate wie z. B. IGES zum
Importieren von Dateien anderer CAD-Systeme ausgewählt werden.

1.6.2 Speichern der Dateien

 SPEICHERN <Name> eingeben und bei Bedarf Pfad ändern ⇒
SPEICHERN

Wiederholtes Drücken von SPEICHERN speichert die Datei.

Hinweis: Hier können auch Austauschformate zum Exportieren von
Dateien in andere CAD-Systeme ausgewählt werden.

1.7 Bauteilinformationen

In geöffneter Datei entweder unter der Menüleiste PRÜFEN ⇒ Gruppe PHYSI-
KALISCHE EIGENSCHAFTEN ⇒ EIGENSCHAFTEN oder unter der Menü-
leiste DATEN-MANAGEMENT ⇒ Gruppe EIGENSCHAFTEN ⇒ EIGEN-
SCHAFTEN kann nach Ändern des Materials u. a. die Masse abgelesen werden.
Ebenso stehen hier die Trägheitsmomente zur Verfügung.

Des Weiteren kann im PathFinder bei MATERIAL (KEINE) mit
Rechtsklick auf MATERIALTABELLE das entsprechende Material eingestellt werden.

Dateieigenschaften unter der Menüleiste DATEN-MANAGEMENT ⇒ Gruppe
EIGENSCHAFTEN ⇒ DATEIEIGENSCHAFTEN können beispielsweise unter
INFO der Baum aufgeklappt werden ⇒ TITEL der Name des Dokuments ⇒
DOKUMENTNUMMER die Zeichnungsnummer eingetragen werden, die auto-
matisch in der Zeichnungsvorlage bei der Zeichnungserstellung in das Schriftfeld
eingetragen werden, sofern dieser Automatismus in der Zeichnungsvorlage ein-
gerichtet wurde. Ebenso kann hier für Schrauben, Stifte, Bozen etc. bei
NORMTEIL im Drop-Down-Menü <Ja> ausgewählt werden, danach

ÜBERNEHMEN Übernehmen ⇒ SCHLIEßEN Schließen .

Die Einheiten können unter DATEI ⇒ EINSTELLUNGEN ⇒ OPTIONEN ⇒
EINHEITEN die Basiseinheiten (Länge, Masse, Zeit etc.) verändert werden.

1.8 System-/Farbeinstellungen

Die Einstellung der Systemoptionen erfolgt unter DATEI ⇒ EINSTELLUNGEN
⇒ OPTIONEN. Neben allgemeinen Windows-Optionen wie Nutzerinfo und

Dateiablage erfolgt in diesem Menü die Einstellung der Systemfarben und der Beziehungstypen zwischen Einzelteilen.

In Solid Edge 2025 werden Skizzen bzw. Skizzenflächen im Skizzenmodus in gelber Farbe und im 3D in hellblauer Farbe dargestellt. Wer die Skizzenflächen im Skizzenmodus wie in vorigen Versionen <weiß> haben möchte (so wie der Autor in diesem Buch), geht unter DATEI ⇒ EINSTELLUNGEN ⇒ OPTIONEN ⇒ FARBEN ⇒ GESCHLOSSENE SKIZZE: <Weiß> einstellen ⇒ OK:

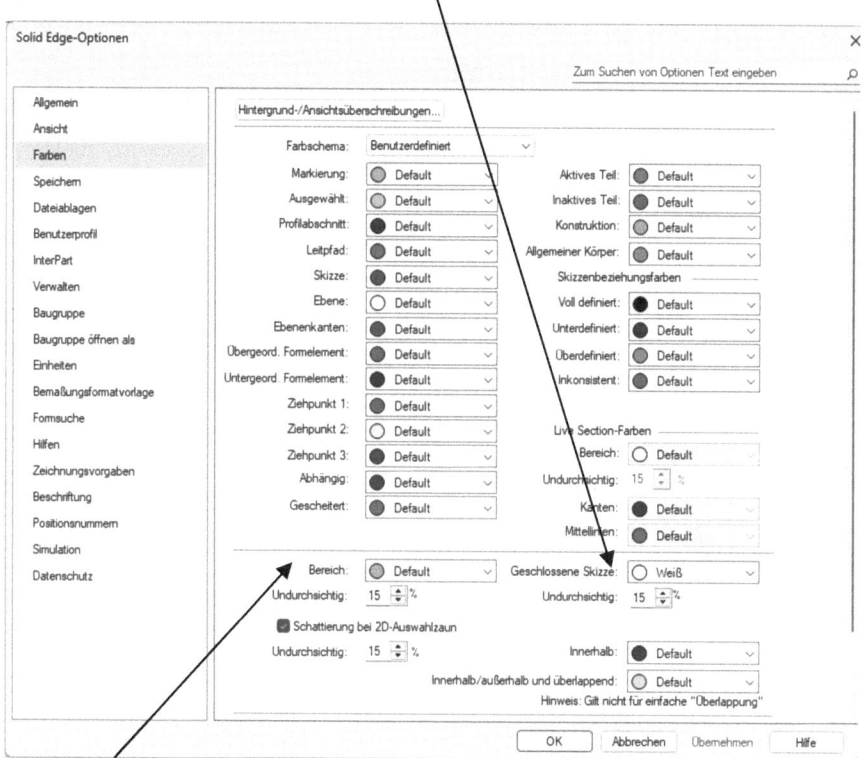

Für die Darstellung der Skizzenflächen im 3D kann der BEREICH von <Default> auf <Weiß> eingestellt werden.

Die Anpassung der Symbolleisten erfolgt über die Schnellzugriffsleiste Icon fehlt ⇒ ANPASSEN ⇒ SCHNELLZUGRIFFSLEISTE UNTER DER MULTIFUNKTIONSLEISTE ANZEIGEN analog zu anderen Windows-Anwendungen.

1.9 Manipulation der Bildschirmdarstellung

1.9.1 Zoomfunktionen

Menüleiste ANSICHT ⇒ Gruppe AUSRICHTEN ⇒ AUS-
SCHNITTVERGRÖßERUNG ⇒ mit gedrückter linker Maustaste ⊞ Fenster aufziehen

Alternativ: Button AUSSCHNITTVERGRÖßERUNG in Aufforderungsleiste verwenden oder im Arbeitsbereich mit rechter
Maustaste AUSSCHNITTVERGRÖßERUNG auswählen

Menüleiste ANSICHT ⇒ Gruppe AUSRICHTEN ⇒ GRÖßE
VERÄNDERN ⇒ mit gedrückter linker Maustaste ⊞ dynamisch Zoomen

Alternativ: Button AUSRICHTEN in Aufforderungsleiste verwenden oder im Arbeitsbereich mit rechter Maustaste
AUSRICHTEN auswählen

ODER: Scrollrad der Maus verwenden

Menüleiste ANSICHT ⇒ Gruppe AUSRICHTEN ⇒
EINPASSEN ⇒ Zoomfaktor wird an Fenstergröße angepasst

Alternativ: Button EINPASSEN in Aufforderungsleiste verwenden oder im Arbeitsbereich mit rechter Maustaste
EINPASSEN auswählen

1.9.2 Verschieben des Bildausschnitts

Menüleiste ANSICHT ⇒ Gruppe AUSRICHTEN ⇒ AUSSCHNITT
VERSCHIEBEN ⇒ mit gedrückter linker Maustaste ⊞ nach
links/rechts oder oben/unten verschieben

Alternativ: Button AUSSCHNITT VERSCHIEBEN in Aufforderungsleiste verwenden

1.9.3 Dynamisches Drehen

 Menüleiste ANSICHT ⇒ Gruppe AUSRICHTEN ⇒ DREHEN ⇒ mit gedrückter linker Maustaste frei rotieren oder durch Klicken Rotationsachse auswählen und mit gedrückter linker Maustaste um diese rotieren (Rotationsachse kann auch Kante eines Körpers sein)

Alternativ: Button DREHEN in Aufforderungsleiste verwenden

ODER: mit gedrücktem Scrollrad frei rotieren

Durch Starten eines beliebigen anderen Befehls wird der Befehl DREHEN wieder aufgehoben.

1.9.4 Um Teilfläche drehen

 Menüleiste ANSICHT ⇒ Gruppe AUSRICHTEN ⇒ UM TEILFLÄCHE DREHEN ⇒ Rotationswerkzeug mit gedrückter linker Maustaste bewegen

1.9.5 Vorherige Ansicht anzeigen

 Menüleiste ANSICHT ⇒ Gruppe AUSRICHTEN ⇒ VORHERIGE ANSICHT anzeigen springt zurück auf die zuletzt eingestellte Ansicht im Arbeitsbereich

1.9.6 Teilfläche ansehen

 Menüleiste ANSICHT ⇒ Gruppe AUSRICHTEN ⇒ TEILFLÄCHE ANSEHEN ⇒ linke Maustaste auf Teilfläche (richtet die Ansicht senkrecht zur gewählten Teilfläche aus)

1.9.7 Navigationswürfel

 Der Navigationswürfel befindet sich in der Grundeinstellung unten rechts im Arbeitsbereich. Durch Klicken linker Maustaste auf die jeweilige Kante, Ecke oder Fläche dreht sich das Bauteil dementsprechend. Mit der Home-Taste (Haus unten links) wird das Bauteil in die Ausgangsausrichtung gedreht.

In Menüleiste ANSICHT ⇒ Gruppe AUSRICHTEN ⇒ VORSCHAU-
WÜRFEL können Einstellungen zum Navigationswürfel verändert
werden.

1.9.8 Modellansichten

Solid Edge stellt standardmäßig folgende Ansichten zur Verfügung:

Menüleiste ANSICHT ⇒ Gruppe
ANSICHTEN ⇒ (bei kleiner Bildschirm-
auflösung können die Ansichten erst über
den Button ANSICHTSAUSRICHTUNG
muss weg (nur im Fenstermodus sichtbar)
ausgewählt werden)

Ansichtsausrichtung

Gespeicherte Ansichten

ODER: AUFFORDERUNGSLEISTE ⇒

ANSICHTSAUSRICHTUNG

Ansichtsausrichtung

Aktuelle Ansicht speichern...

Ansichtsmanager...

	Vorderansicht des Modells	**Strg+F**
	Rückansicht des Modells	**Strg+K**
	Linke Ansicht des Modells	**Strg+L**
	Rechte Ansicht des Modells	**Strg+R**
	Draufsicht des Modells	**Strg+T**
	Untere Ansicht des Modells	**Strg+B**
	Tetragonale Ansicht des Modells	**Strg+J**
	Iso-Ansicht des Modells	**Strg+I**
	Orthorhombische Ansicht des Modells	**Strg+M**

Die benannten Ansichten können gelöscht, neu definiert und durch weitere Ansichten ergänzt werden.

1.9.9 Schattieren

Über Menüleiste ANSICHT ⇒
Gruppe FORMATVORLAGE ⇒
SCHATTIERT einstellen

Alternativ: Button ANSICHTS-

FORMATVORLAGEN in
Aufforderungsleiste verwenden

Über Menüleiste ANSICHT ⇒
Gruppe FORMATVORLAGE

Schattierungsmöglichkeiten:

DRAHTMODELL (nicht schattiert)

SICHTBARE UND VERDECKTE KANTEN (nicht schattiert)

SICHTBARE KANTEN

SCHATTIERT

SCHATTIERT MIT SICHTBAREN KANTEN

BODENSCHATTEN (ein/aus)

BODENSPIEGELUNG (ein/aus)

HOHE QUALITÄT (ein/aus)

EINFARBIGE KANTEN (Kantenfarbe auswählen)

BILDSCHÄRFE

PERSPEKTIVE (ein/aus)

FACETTENKANTEN ANZEIGEN auf Netzkörpern

1.9.10 Aktualisieren der Bildschirmdarstellung

Menüleiste ANSICHT ⇒ Gruppe AUSRICHTEN ⇒ ANSICHT AKTUALISIEREN

Alternativ: Funktionstaste F5

1.9.11 Einsatz eines 3D-Controllers (Spacemouse)

Ein 3D-Controller ist ein 3D-Eingabegerät, das die Bewegungen der Kappe in Translationen (X, Y und Z) und Rotationen (A, B und C) umwandelt. Auf diese Weise sind Bewegungen graphischer Modelle intuitiv in allen sechs Freiheitsgraden möglich. In Solid Edge ist die Benutzung eines 3D-Controllers möglich.

1.10 Hilfsfunktionen für das Modellieren

1.10.1 Löschen von Geometrieelementen

Element mittels Cursor oder PathFinder auswählen ⇒ rechte Maustaste ⌨ drücken ⇒ LÖSCHEN

Alternativ: Objekt markieren ⇒ ENTF-Taste [Entf] klicken

1.10.2 Rückgängigmachen/Wiederherstellen von Aktionen

⇒ ↺ RÜCKGÄNGIG

Daneben befindet sich auch der Button WIEDERHERSTELLEN, der die zuletzt rückgängig gemachte Aktion wiederherstellt.

1.10.3 Messen geometrischer Größen

Unter Menüleiste PRÜFEN ⇒ Gruppe 3D-MESSEN ⇒ Art der Messung auswählen ⇒ Bezugsobjekt mit Cursor auswählen

Rücksetzen mittels Button in Formatierungsleiste

1.10.4 Ein-/Ausblenden von Objekten

Dieser Abschnitt betrifft die Objekte *Skizzen, Ebenen, Koordinatensysteme (Base), Flächen, Kurven, Mittellinien, Entwurfskörper, Referenzachsen* und *Kontrollpunkte (BlueDots)*.

Zum Ausblenden dieser Objekte wird im PathFinder beim entsprechenden Objekt auf Auge ◉ geklickt, zum Einblenden dieser auf durchgestrichenes Auge ⌀ .

Hinweis: Sollen in einem Modell alle Skizzen, Ebenen etc. ein- oder ausgeblendet werden, so empfiehlt es sich, in Menüleiste ANSICHT ⇒ Gruppe EINBLENDEN ⇒ Button KONSTRUKTIONSANZEIGE ▷⬜ zu betätigen:

Alle ein-/ausblenden		
Typ	Alle einblenden	Alle ausblenden
📐 Koordinatensysteme	☐	☐
▱ Referenzebenen	☐	☐
🔲 Skizzen	☐	☐
🔲 Flächen	☐	☐
⌒ Kurven	☐	☐
··· Mittellinien	☐	☐
⟋ Referenzachsen	☐	☐
⬤ BlueDots	☐	☐
🗔 Entwurfskörper	☐	☐

OK · Übernehmen · Schließen

⇒ entsprechendes Häkchen bei ALLE EIN-/AUSBLENDEN setzen ⇒ OK

1.10.5 Unterdrücken/Freigeben von Formelementen

Zum Unterdrücken von Formelementen (3D-Features siehe Abschnitt 2.1): Im PathFinder entsprechendes Formelement mit der linken Maustaste 🖱 selektieren ⇒ mit rechter Maustaste 🖱 auf UNTERDRÜCKEN 🖱 gehen und linke Maustaste 🖱 klicken. Freigeben von Formelementen erfolgt analog im Pathfinder.

1.10.6 Ändern von Elementeigenschaften

Menüleiste ANSICHT ⇒ Gruppe FORMATVORLAGE ⇒ Button TEIL FÄRBEN 🎨 Teil färben können Körpern, Formelementen oder Flächen Farben zugewiesen werden.

1.10.7 Ändern der Hintergrundfarbe

Menüleiste ANSICHT ⇒ Gruppe FORMATVORLAGE ⇒ Button
ANSICHTSÜBERSCHREIBUNGEN Ansichtsüberschreibungen auswählen ⇒ Reiterkarte HINTERGRUND

1.10.8 Auswahlmöglichkeiten in Solid Edge

Kontrollkästchen

dienen zum Ein- und Ausschalten von Optionen. Ein Häkchen zeigt an, dass die Option eingeschaltet ist.

Runde Optionsfelder

bieten zwei oder mehr Optionen. Es kann jeweils nur eine Möglichkeit aktiviert werden.

Feld

akzeptiert einen Wert nach Eingabe und Bestätigung mit Tabulator- oder Eingabetaste.

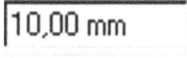

Dropdown-Liste

enthält mehrere Optionen, die ausgewählt werden können. In einigen Fällen ist auch die Eingabe eines Wertes erlaubt.

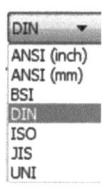

1.10.9 Hilfeindex

In diesem Buch kann nicht alles erklärt werden, siehe daher auch die Online-Dokumentation: In Menüleiste ? kann auf die Online-Dokumentation zugegriffen werden.

1.10.10 Befehlssuche

Zum Suchen von Solid Edge-Befehlen oder Funktionalitäten empfiehlt es sich, in der BEFEHLSSUCHE den Namen des Befehls oder die Funktionalität einzugeben. Das Eingabefeld dafür befindet sich in der Menüleiste:

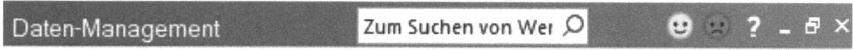

Beispielhaft für die Bohrung werden folgende Übereinstimmungen dargestellt:

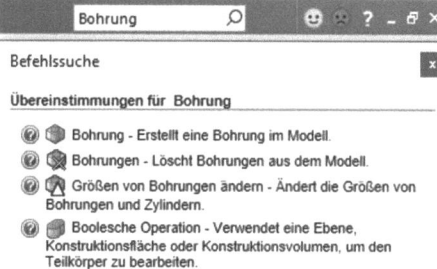

Durch Anklicken der jeweiligen Übereinstimmung wird z. B. der Button in der anwendungsspezifischen Symbolleiste oder das betreffende Menü mit dem betreffenden Menüpunkt zum Auswählen hervorgehoben.

1.11 Vorstellung der Buttons zur Einzelteilmodellierung

Im Folgenden werden die Buttons der Formelemente in der Menüleiste HOME zum Modellieren von Teilen in Solid Edge erklärt. Bei den Flyout-Buttons werden die Auswahlmöglichkeiten ausgeklappt und nebenstehend erklärt. Damit ist es einfacher möglich, später den betreffenden Button in der jeweiligen Auswahlmöglichkeit wieder zu finden.

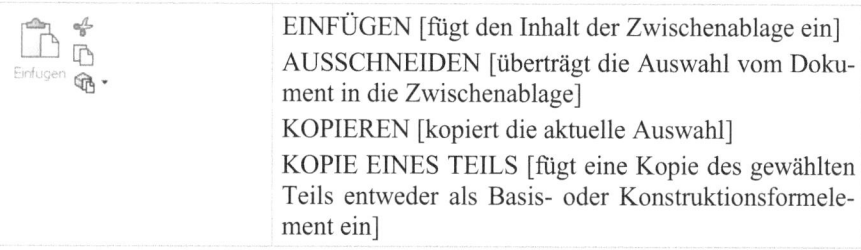

EINFÜGEN [fügt den Inhalt der Zwischenablage ein]

AUSSCHNEIDEN [überträgt die Auswahl vom Dokument in die Zwischenablage]

KOPIEREN [kopiert die aktuelle Auswahl]

KOPIE EINES TEILS [fügt eine Kopie des gewählten Teils entweder als Basis- oder Konstruktionsformelement ein]

Auswählen	AUSWÄHLEN [eines Elementes] AUSWAHLFILTER [(de-)aktiviert die Auswahl von Objekttypen] ÜBERLAPPEND [wählt Elemente aus, die innerhalb eines Auswahlzauns liegen oder ihn überlappen]
Parallel Winkel Senkrecht Koinzident über Achse Senkrecht zu Kurve Über 3 Punkte Tangential	KOINZIDENTE EBENE [erstellt eine Referenzebene auf der ausgewählten Ebene oder Teilfläche] WEITERE EBENENmöglichkeiten: PARALLEL [erstellt eine Referenzebene parallel zu einer ausgewählten Ebene oder Teilfläche] WINKEL [erstellt eine Referenzebene in einem angegebenen Winkel zu einer ausgewählten Ebene oder Teilfläche] SENKRECHT [erstellt eine Referenzebene senkrecht zu einer ausgewählten Ebene oder Teilfläche] KOINZIDENT ÜBER ACHSE [erstellt anhand einer Ausrichtungsachse eine Referenzebene auf der ausgewählten Ebene oder Teilfläche] SENKRECHT ZU KURVE [erstellt eine Referenzfläche senkrecht zu einer gewählten Kurve] ÜBER 3 PUNKTE [erstellt eine Referenzebene über drei Eigenpunkte] TANGENTIAL [erstellt eine Ebene, die tangential zu einer gekrümmten Teilfläche des Teils verläuft]
	KOORDINATENSYSTEM [erstellt ein benutzerdefiniertes Koordinatensystem]
Skizze Abriss Kopieren Komponente **Skizze**	SKIZZE [legt eine Skizze auf einer definierten Ebene an] ABRISSSKIZZE [kopiert oder verschiebt Skizzenelemente in eine neue Skizze] SKIZZE KOPIEREN [kopiert eine Skizze aus einem Quelldokument in ein Zieldokument im Kontext der aktiven Baugruppe] KOMPONENTENSKIZZE [öffnet ein Skizzenfenster, damit eine Komponentenskizze für die spätere Verwendung beim Arbeiten mit virtuellen Komponenten erstellt werden kann]
3D-Skizze	3D-SKIZZE [legt eine Skizze im 3D-Raum an]

Extrusion	EXTRUSION [extrudiert eine Fläche bzw. entfernt einen definierten Teil eines 3D-Modells (→ aus vorherigen Versionen mit AUSSCHNTT zusammengeführt)]
Rotation	ROTATION [rotiert eine Fläche bzw. schneidet eine rotierte Fläche aus (→ aus vorherigen Versionen mit ROTATIONSAUSSCHNITT zusammengeführt)]
Bohrung ▾ Bohrung Gewinde Schlitz	BOHRUNG [erzeugt eine oder mehrere Bohrungen] GEWINDE [erzeugt Innen- oder Außengewinde] SCHLITZ [erstellt einen Schlitz]
Verrundung ▾ Verrundung Fase	VERRUNDUNG [fügt Verrundung(en) hinzu] FASE [fügt Fase(n) hinzu]
Formschräge	FORMSCHRÄGE [fügt eine Formschräge hinzu]
Dünnwand ▾ Dünnwand Dünnwandbereich Rippe Versteifungsnetz Lippe Luftungsgitter Befestigungsdom Abformung	DÜNNWAND [erzeugt eine Schale mit definierter Wandstärke] DÜNNWANDBEREICH [verdünnt einen ausgewählten Teilbereich] RIPPE [fügt Rippe(n) ein] VERSTEIFUNGSNETZ [fügt Verstärkungsrippe(n) für Kunststoffteile ein] LIPPE [erzeugt eine Lippe entlang ausgewählter Kanten] LÜFTUNGSGITTER [erstellt ein Lüftungsgitter aus ausgewählten Skizzenelementen] BEFESTIGUNGSDOM [erstellt Befestigungsdom(e)] ABFORMUNG [verwendet eine oder mehrere ausgewählte Körper als Prägewerkzeug, um einen

	ausgewählten Körper abzuformen – dieser Befehl ist im gegenwärtigen Projektstatus deaktiviert]
Geführt Geführter Körper Übergang Schraubenfläche Normal Verstärken Kehlnaht Fugennaht Unterbrochene Schweißnaht Schweißmarkierung	GEFÜHRT(e Ausprägung) [extrudiert eine Fläche entlang einer Leitkurve] GEFÜHRTER KÖRPER [erstellt eine Ausprägung, indem ein rotierter Körper entlang eines Pfads geführt wird] ÜBERGANG(sausprägung) [führt eine Extrusion zwischen zwei Anschlussflächen aus] SCHRAUBENFLÄCHE (Ausprägung) [führt eine Extrusion entlang einer Schraubenlinie aus] NORMAL (senkrechte Ausprägung) [führt eine Extrusion senkrecht zu einer Teilfläche aus] VERSTÄRKEN [verstärkt ausgewählte Teilbereiche] KEHLNAHT [erstellt eine Kehlnaht] FUGENNAHT [erstellt eine Fugennaht] UNTERBROCHENE SCHWEIßNAHT [weist ausgewählten Schweißnähten eine unterbrochene Schweißnaht zu; nur verfügbar, wenn eine Schweißnaht erstellt wurde] SCHWEIßMARKIERUNG [markiert die Geometrie als Schweißnaht]
Geführt Geführter Körper Übergang Schraubenfläche Normal	GEFÜHRT(er Ausschnitt) [schneidet eine Fläche entlang einer Leitlinie aus] GEFÜHRTER KÖRPER [erstellt einen Ausschnitt, indem ein rotierter Körper entlang eines Pfads geführt wird] ÜBERGANG(sausschnitt) [schneidet eine Fläche zwischen zwei Anschlussflächen aus] SCHRAUBENFLÄCHE (Ausschnitt) [schneidet eine Fläche entlang einer Schraubenlinie aus] NORMAL (senkrechter Ausschnitt) [schneidet eine Fläche senkrecht zu einer Teilfläche aus]
	KÖRPER HINZUFÜGEN [fügt dem Modell einen neuen Körper hinzu] UMSCHLIEßUNG [erzeugt einen Körper um ein ausgewähltes Objekt] MEHRERE KÖRPER VERÖFFENTLICHEN [veröffentlicht die mehreren im aktiven Dokument enthaltenen Entwurfskörper in separate Dokumente und

Körper hinzufügen Umschließung Mehrere Körper veröffentlichen Addition Subtraktion Schnittmenge Teilen Körper skalieren	optional in ein Baugruppendokument – dieser Befehl ist im gegenwärtigen Projektstatus deaktiviert] ADDITION [fasst ausgewählte Körper zu einem einzigen Körper zusammen] SUBTRAKTION [subtrahiert das Volumen eines ausgewählten Körpers von anderen ausgewählten Körpern] SCHNITTMENGE [erstellt an der Verschneidung von ausgewählten Körpern einen Körper] TEILEN [teilt einen ausgewählten Körper in einen individuellen Körper mit Hilfe einer Ebene oder Fläche auf] KÖRPER SKALIEREN [skaliert alle Körper um den Basiskoordinatensystemursprung]
Muster Muster Entlang Kurve Muster nach Tabelle Duplizieren	MUSTER [erzeugt rechteckige oder kreisförmige Muster] MUSTER ENTLANG KURVE [erzeugt Muster entlang einer Kurve] MUSTER NACH TABELLE [erzeugt Muster anhand einer Tabelle] DUPLIZIEREN [dupliziert ein Muster]
Spiegeln Formelement spiegeln Spiegelkopie eines Teils	FORMELEMENT SPIEGELN [spiegelt ausgewählte Elemente] SPIEGELKOPIE EINES TEILS [spiegelt Körper, Kanten, Skizzen und Flächen]
Teilflächen verschieben Teilflächen verschieben Teilflächen drehen Teilflächen versetzen	TEILFLÄCHEN VERSCHIEBEN [erstellt einen Offset auf ausgewählte Flächen entlang einer Richtung] TEILFLÄCHE DREHEN [dreht eine Teilfläche um eine Achse] TEILFLÄCHEN VERSETZEN [erstellt einen Offset auf ausgewählte Flächen entlang der jeweiligen Flächennormalen]

Löschen ▾
  Teilflächen
  Bereiche
  Bohrungen
  Verrundungen
	TEILFLÄCHEN [löscht Teilflächen aus einem Teil oder Konstruktionselement]
	BEREICH [löscht Bereiche aus dem Modell]
	BOHRUNGEN [löscht Bohrungen aus dem Modell]
	VERRUNDUNGEN [löscht Verrundungen aus dem Modell]

Größe anpassen ▾
  Größen von Bohrungen ändern
  Verrundungsgröße ändern
	GRÖßEN VON BOHRUNGEN ÄNDERN [ändert die Größen von Bohrungen und Zylindern]
	VERRUNDUNGEN [ändert die verrundeten Kanten des Modells] einzeln machen

SmartDimension	BEMAßEN [enthält Bemaßungsmöglichkeiten, die in den folgenden Kapiteln noch erläutert werden]

1.12 Kontrollfragen

1. Welche Arbeitsumgebungen beinhaltet Solid Edge 2025 im sequentiellen Modus und wozu dienen diese?

2. Welche Bestandteile hat die Benutzungsoberfläche von Solid Edge und wofür werden sie verwendet?

3. Welche Informationen enthält der PathFinder?

4. Welche Möglichkeiten zur Änderung einer Ansicht gibt es?

2 Modellierung von Extrusionskörpern

In diesem Kapitel wird zunächst eine allgemeine Vorgehensweise zur 3D-CAD-Modellierung und deren Arbeitstechniken zur Volumenmodellierung dargestellt.

Danach erfolgen zwei einfache Modellierungsaufgaben von Extrusionskörpern, die sich mit den Features Extrusion (mit Skizzenerstellung innerhalb des Dialogs und Erstellung mit separater vollständig bestimmter Skizze außerhalb des Dialogs), Bohrung, Ausschnitt, Fase, Verrundung und Spiegelung beschäftigen. Sie ermöglichen es dem Anwender, sofort praktisch tätig zu werden und die im ersten Kapitel erläuterten Menüpunkte zu nutzen und zu festigen.

2.1 Vorgehensweise zur 3D-CAD-Modellierung

Die Vorgehensweise zur 3D-CAD-Modellierung enthält folgende Schritte:

- *Top-Down Modelling*: ausgehend von der Idee des zu entwickelnden Produkts werden Einzelteile und Baugruppen (und daraus wiederum weitere Einzelteile) abgeleitet.

- *Solid Modelling*: für die Modellierung von Einzelteilen wird ausgehend von einer Skizze in 2D durch Extrusion bzw. Rotation ein Volumenkörper erstellt und daran geometrische Formelemente (sog. Features) wie Bohrungen, Fasen, Verrundungen, Gewinde etc. erzeugt. Mit Hilfe von Features lassen sich Bauteile mit intelligenter Geometrie definieren. „Feature" – im Sinne der CAD-Anwendung – sind mit Attributen versehene komplexe CAD-Elemente. Diese Attribute können geometrische, technologische oder funktionale Eigenschaften zur Beschreibung eines realen Objektes (Werkstückteil) sein (z. B. Bohrungen, Gewinde).

- *Bottom-Up Modelling*: ausgehend von Einzelteilen werden Baugruppen aufgebaut. Diese Vorgehensweise wird in Kapitel 5 näher erläutert.

© Der/die Autor(en), exklusiv lizenziert an
Springer Fachmedien Wiesbaden GmbH, ein Teil von Springer Nature 2026
M. Schabacker, *Solid Edge 2025 für Einsteiger – kurz und bündig*,
https://doi.org/10.1007/978-3-658-49835-1_2

2.2 Arbeitstechniken zur Volumenmodellierung

Folgende Arbeitstechniken zur Volumenmodellierung haben sich im Umgang mit Solid Edge (und auch mit anderen gängigen 3D-CAD-Systemen) bewährt:

1. Skizzen so einfach wie möglich halten (d. h. keine Features wie Bohrungen, Verrundungen, Fasen, Gewinde in der Skizze modellieren)

2. Keine Verzweigungen der Konturen und keine einzelnen/isolierten sowie überlagerte Geometrieelemente in den Skizzen verwenden

3. Darauf achten, dass Skizzen geschlossen sind

4. Skizzen separat erzeugen, sodass später bei Änderungen ein leichterer Zugriff auf Parameterwerte und die Form ist (wie später noch gezeigt wird, gibt es in Solid Edge zwei Möglichkeiten der Skizzenerstellung: zum einen innerhalb des Dialogs eines Formelementes, z. B. der Extrusion, oder als eigenständige Skizze unter dem Button SKIZZE)

5. Skizzen vollständig bestimmen (d. h. alle Freiheitsgrade sind mit Hilfe von geometrischen sowie dimensionalen Bedingungen zu vergeben)

6. Geometrische Randbedingungen nutzen (z. B. Verwenden der Kollinearität (d. h. örtliche Übereinstimmung) von Linien mit Koordinatenachsen)

7. „3D-Features" (z. B. Bohrungen, Ausschnitte, Verrundungen, Fasen, Gewinde) so viel wie möglich verwenden

8. Referenzebenen beim Platzieren und Spiegeln von geometrischen Elementen benutzen

9. Spiegelungen/Muster erstellen statt das Kopieren von geometrischen Elementen (denn geometrische Beziehungen in der Kopie werden bei Änderungen im Ursprungselement nicht nachvollzogen)

 Hinweis: In diesem Buch können natürlich obige Arbeitstechniken nicht immer beherzigt werden, weil so viele Modellierungsmöglichkeiten wie möglich in Solid Edge in diesem Buch gezeigt werden sollen.

2.3 Beispiel Hülse

Vorgehensweise

- Modellieren des Volumenkörpers als Extrusion; gegebene Werte aus Zeichnung: Durchmesser, Höhe
- Einfügen der Bohrungen (als Formelement/Feature) in die Extrusion
- Modellieren der Nut als Ausschnitt in einer separaten vollständig bestimmten Skizze
- Modellieren der beiden Fasen (als Features)

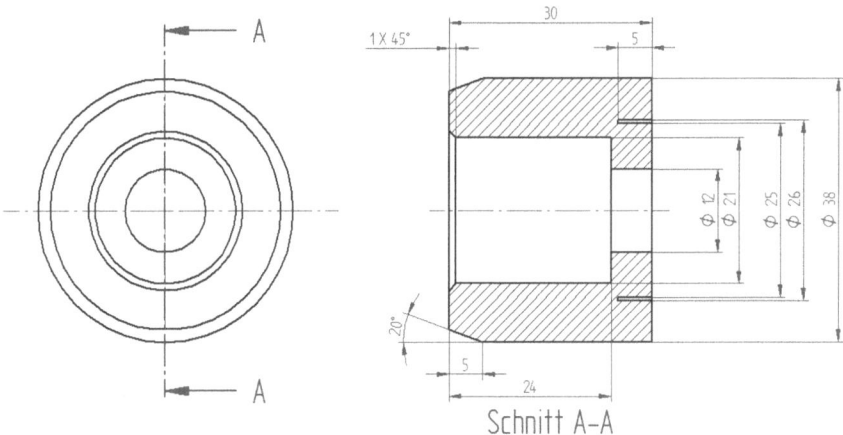

Datei neu erstellen

1. Menüleiste DATEI ⇒ NEU ⇒ <DIN Metrisches Teil> auswählen

2. <DIN Metrisches Teil> auswählen ⇒ Button MIT ‚SEQUENTIELL' FORTFAHREN drücken (damit dies nicht mehr erscheint, Häkchen setzen bei <"Dieses Dialogfenster nicht mehr anzeigen">

3. Unter <Huelse.par> speichern (Umlaute werden nach VDA 4955 immer umgeschrieben!)

4. Koordinatensystem (Base) ausblenden ⇒ Auf Auge ◉ im PathFinder klicken

5. Referenzebenen einblenden ⇒ Auf durchgestrichenes Auge (⌀) im PathFinder klicken

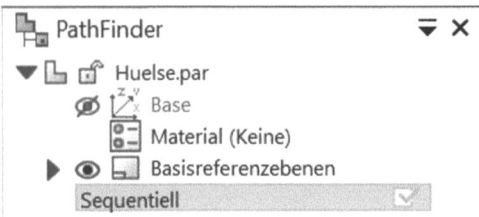

2.3.1 Modellieren des Solids als Extrusion

1. Menüleiste HOME (sollte für die 3D-CAD-Modellierung voreingestellt sein)

2. Button EXTRUSION

3. Beliebige Referenzebene auswählen, Ansicht dreht sich in Skizzierebene (bei der ersten Anwendung von Solid Edge kommen hier zwei Hinweise, einfach lesen und wegklicken, damit diese zukünftig nicht mehr erscheinen)

4. In Gruppe ZEICHNEN Button KREIS ÜBER MITTELPUNKT

 auswählen

5. Cursor zum Schnittpunkt der beiden Referenzebenen bewegen und den Mittelpunkt anklicken

6. Kreis aufziehen und linke Maustaste drücken

7. Button AUSWÄHLEN drücken, um keine weiteren Kreise zu skizzieren

8. In Gruppe BEMAßEN Button

9. DIMENSION Button SMARTDIMENSION SmartDimension anklicken

10. Kreislinie anklicken, Bemaßung anlegen (d.h. nach außen ziehen und Positionierung mit linker Maustaste bestätigen), danach auf der Tastatur in das Eingabefeld Durchmesser <38 mm> eingeben:

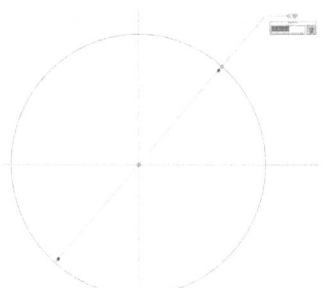

11. (Hier erfolgt ein Dialogfenster SKIZZE AUTOMATISCH SKALIEREN mit der Meldung, dass eine 2D-Skizze mit variabler Bemaßung automatisch skaliert wird: einfach dort einen Haken setzen, damit diese Meldung zukünftig nicht mehr erscheint.)

 Hinweis: Nach Eingabe des Wertes wird die Skizze immer noch in blau dargestellt ⇒ Menüleiste PRÜFEN ⇒ Gruppe BEWERTEN ⇒ BEZIEHUNGSFARBEN **einmalig** einstellen (ein Hinweis, der bei der ersten Anwendung von Solid Edge erscheint und nach dem Lesen weggeklickt werden kann) ⇒ Skizze wird nun in schwarz dargestellt, d. h. Skizze ist vollständig bestimmt (d.h. es sind keine Freiheitsgrade mehr offen: weder kann die Position des Kreises, da fixiert im Ursprung, verschoben werden noch der Durchmesser des Kreises grafisch vergrößert/verkleinert werden; Veränderung des Durchmessers erfolgt nur noch über das Eingabefeld der Bemaßung).

Hinweis: Für eine spätere Parametrisierung von Produkten ist es aus Konsistenzgründen von 3D-CAD-Modellen **unabdingbar**, dass eine Skizze vollständig bestimmt ist, d. h. wenn alle Freiheitsgrade mit Hilfe von geometrischen (z. B. Kollinearität) und dimensionalen (z. B. Abstandsbemaßung) Bedingungen vergeben wurden. In Solid Edge wird dies über die Menüleiste PRÜFEN ⇒ Gruppe BEWERTEN ⇒ BEZIEHUNGSFARBEN geprüft. Dimensionale Bedingungen werden in rot dargestellt, Geometrieelemente (z. B. Linien, Kreise) in blau. Sobald geometrische und/oder dimensionale Bedingungen für die Geometrieelemente verwendet werden, werden die Geometrieelemente sukzessiv in schwarz dargestellt. Sind alle Geometrieelemente schwarz, so ist die Skizze vollständig bestimmt und bemaßt. Eine andere Möglichkeit zur Prüfung einer vollständig bestimmten und bemaßten Skizze ist, ob einzelne Elemente oder die gesamte Skizze mit der Maus hin und her gezogen werden können. Ist dies der Fall, so ist die Skizze unterbestimmt, im anderen Fall ist sie vollständig bestimmt und bemaßt.

Des Weiteren werden in Solid Edge überbestimmte Bemaßungen in der Farbe Blau und bei anschließenden Maßänderungen mit unterstrichenem Parameterwert dargestellt, die sofort wieder gelöscht werden sollten.

Die einzigen Parameter, die in einer Skizze **nicht** bemaßt werden dürfen, sind die Durchmesser der Bohrungen, da diese über den jeweiligen Bohrungstyp im Optionsfenster eingegeben werden.

12.   (oder in Gruppe SCHLIEßEN ⇒ Button SKIZZE SCHLIEßEN _{schließen})

13. In Formatierungsleiste Abstand <30 mm> eingeben ⇒ RETURN ⎡⟵⎤

14. Mit linker Maustaste ⎍ auf einer Seite der Skizze klicken ⇒ ggf. Button EINSEITIG VERLÄNGERN in folgendem Dialog einstellen und sich für eine Richtung des künftigen Körpers entscheiden

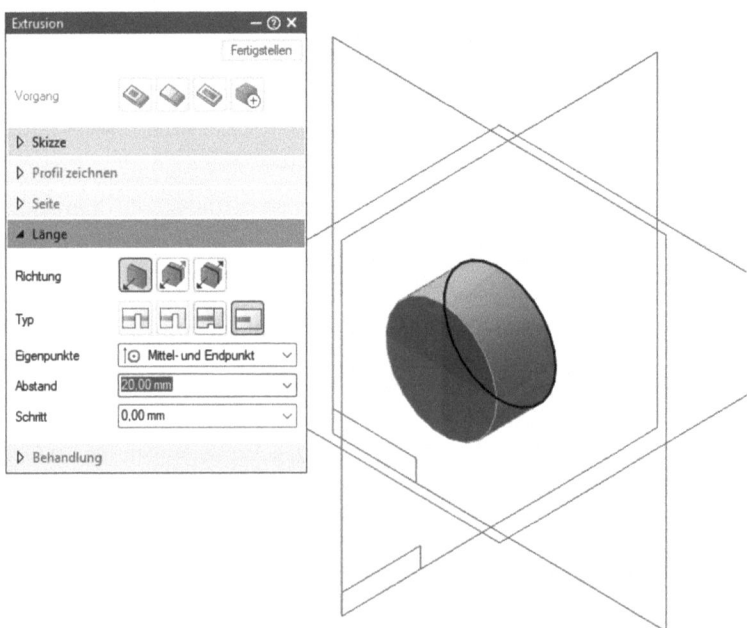

15. FERTIGSTELLEN ⇒ ABBRECHEN

16. Speichern der Arbeit ⇒ SPEICHERN

2.3.2 Einfügen der Bohrungen (als Feature)

1. Menüleiste HOME (sollte voreingestellt sein)

2. In Gruppe VOLUMENKÖRPER
   Button BOHRUNG auswählen

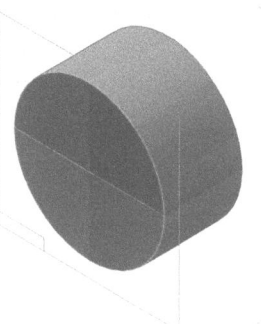

Bohrung
 ▾

3. Stirnfläche der Hülse auswählen
   (siehe Bild)

4. Button BOHRLOCH anwählen

   Hinweis: In der Regel ist dieser Button bereits eingestellt, aber Ausnahme im
   Zusammenbau, wenn dort ein Einzelteil aufgerufen wird und nachträglich eine
   Bohrung modelliert werden soll.

5. Bohrloch beliebig platzieren

   Hinweis: Bohrungsdurchmesser (wie schon erwähnt) angeben ist hier nicht
   notwendig, da dies im Bohrungsdialog erfolgt.

6. Button KONZENTRISCH ⊚ auswählen

   Hinweis: In zylindrischen Körpern muss eine Bohrung auf der Stirnfläche immer konzentrisch platziert werden, damit bei Verschieben des Zylinderkreises
   im 2D-Koordinatensystem immer gewährleistet ist, dass die Bohrung weiterhin im Mittelpunkt des Zylinders sitzt. Ein Platzieren im Koordinatenursprung
   ist daher nicht möglich, da nachträgliche Anpassungsarbeiten vermieden werden müssen.

7. Kante von Bohrloch und Hülse auswählen ⇒ SKIZZE SCHLIEßEN

8. Button BOHRUNGSOPTIONEN Optionen auswählen

9. Bohrform EINFACH auswählen

10. Normungsvorlage (Standard) auf „mm" bzw. „DIN Metric" umstellen und als
    Standard mit Button ALS STANDARD SPEICHERN setzen

11. Bohrungsdurchmesser <12 mm> eingeben

12. Button ÜBER GANZES TEIL bei der Bohrungslänge (Tiefenbegrenzung) auswählen

13. OK

Hinweis: Es kann auch zuerst auf BOHRUNGSOPTIONEN

Optionen ⊞ gegangen, Bohrform ausgewählt, alle Werte eingetragen und anschließend die Bohrung platziert werden.

14. (falls notwendig: Richtung mit linker Maustaste wählen) ⇒ FERTIGSTELLEN

15. Speichern der Arbeit ⇒ SPEICHERN

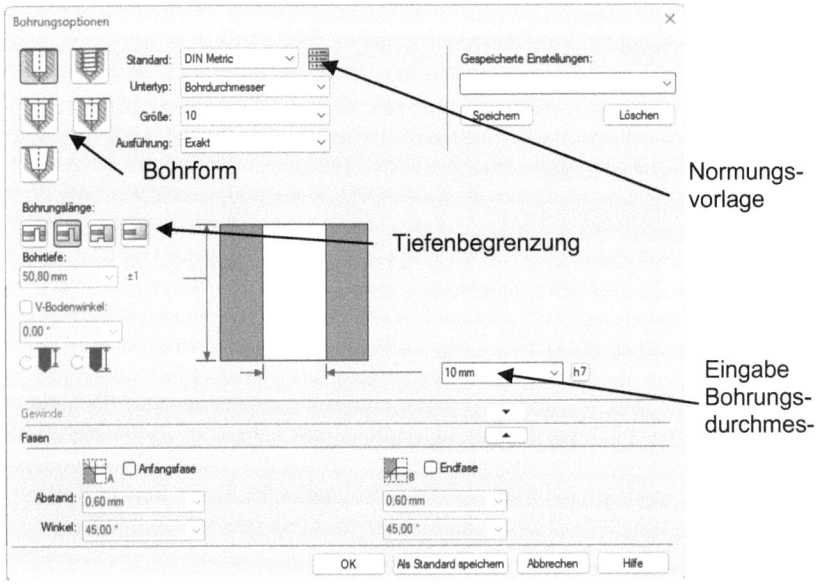

Hinweis: Hier braucht man noch nicht auf ABBRECHEN zu drücken, da direkt im Anschluss die zweite Bohrung eingefügt wird.

Modellierung der zweiten Bohrung analog zur ersten:

Wiederholen der Schritte 2 – 14, anschließend ABBRECHEN drücken

⇒ Speichern der Arbeit ⇒ SPEICHERN

Hinweis: In den Bohrungsoptionen darauf achten, dass bei den Abmaßen für die Bohrungslänge FESTGELEGTES ABMASS angeklickt ist und bei der Bohrtiefe <24 mm> eingegeben wird.

 Hinweis: Für die Änderung von Formelementen wie z. B. einer Bohrung klickt man diese im PathFinder an und wählt entweder über

oder mit der rechten Maustaste eine der folgenden Änderungsmöglichkeiten aus:

- oder DEFINITION BEARBEITEN ⇒ hier können Optionen für Formelemente angepasst werden.

- oder PROFIL BEARBEITEN ⇒ hier können Skizzen von z. B. Extrusionen geändert werden.

- oder DYNAMISCH BEARBEITEN ⇒ hier können Parameterwerte für Formelemente angepasst werden.

2.3.3 Modellieren der Nut als Ausschnitt

 Hinweis: Wenn eine Modellierung fortgeschritten ist oder etwas schwierigere Skizzen für ein Feature zu erstellen sind, ist es empfehlenswert, diese separat zu erzeugen. Dies hat den Vorteil, dass separate vollständig bestimmte Skizzen im PathFinder einzeln dargestellt werden und somit einfacher Zugriff für Änderungen (z. B. Parameterwertänderungen) mit

erfolgen kann.

1. Button SKIZZE anklicken

2. Bodenfläche der Hülse anklicken

3. An beliebiger Stelle zwei Kreise aufziehen und Button KONZENTRISCH zur Hülse setzen

4. Kreise mit <25 mm> bzw. <26 mm> bemaßen

5. Button SKIZZE SCHLIEßEN

6. in Gruppe VOLUMENKÖRPER Button EXTRUSION Extrusion (auch wenn das jetzt ungewöhnlich für einen Ausschnitt klingt, Solid Edge erkennt automatisch, dass jetzt Material abgezogen werden soll, ansonsten unter

betreffendes einstellen) anklicken

7. Auswahlfenster AUS SKIZZE WÄHLEN anklicken

8. Zwei Kreise anklicken ⇒ mit Haken bestätigen

9. Button FESTGELEGTES ABMAß

10. Abmaß <5 mm> ⇒ ⎡←⎤

11. Richtung der Ausschnitttiefe in das Material der Hülse wählen und linke Maustaste 🖱 klicken ⇒ FERTIGSTELLEN ⇒ ABBRECHEN

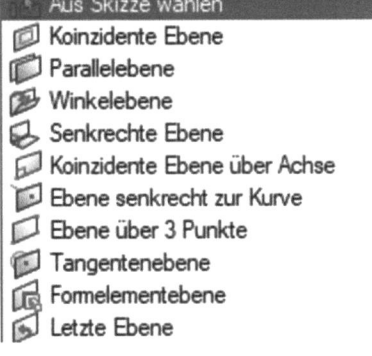

Aus Skizze wählen
Koinzidente Ebene
Parallelebene
Winkelebene
Senkrechte Ebene
Koinzidente Ebene über Achse
Ebene senkrecht zur Kurve
Ebene über 3 Punkte
Tangentenebene
Formelementebene
Letzte Ebene

2.3.4 Modellieren der ersten Fase

1. Menüleiste HOME (sollte voreingestellt sein)

2. In Gruppe VOLUMENKÖRPER Button FASE auswählen
   Standardeinstellung ist die 45°-Fase

3. Teil so rotieren, dass die Stirnseite der Hülse sichtbar ist, an der die 45°-Fase konstruiert werden soll

4. Innere Kreislinie der Stirnseite auswählen

5. Fasenlänge <1 mm> eingeben ⇒ RETURN ⎡←⎤ ⇒ FERTIGSTELLEN ⇒ ABBRECHEN

6. Speichern der Arbeit

2.3.5 Modellieren der zweiten Fase

1. Button FASE auswählen

2. Optionsfeld WINKEL UND FASENLÄNGE

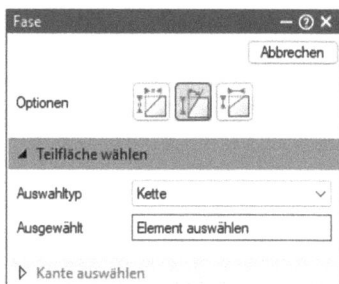 aktivieren ⇒ OK

3. Mantelfläche der Hülse als „Teilfläche" auswählen ⇒ mit Haken bestätigen

4. Äußere Kreislinie als „Kante/Ecke" auswählen, an der die 20°-Fase konstruiert werden soll

5. Fasenlänge <5 mm>, Winkel <20 Grad> eingeben ⇒ RETURN ⎡⟵⎤

6. FERTIGSTELLEN ⇒ ABBRECHEN

 Hinweis: Durch gleichzeitiges Drücken der **Strg**-Taste können auch mehrere Formelemente gleichzeitig angewählt werden. Diese bekommen beim Ändern der Optionen alle die gleichen Eigenschaften.

2.3.6 Zuweisen fehlender Modelleigenschaften

1. Vergeben des Materials über Menüleiste DATEN-MANAGEMENT ⇒ Gruppe EIGENSCHAFTEN ⇒ EIGENSCHAFTEN

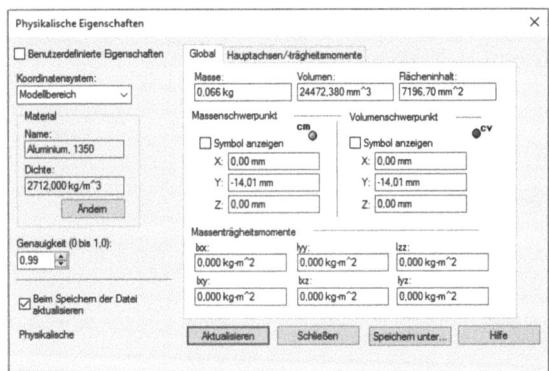

Button ÄNDERN ⇒ ggf. MATERIALS aufklappen ⇒ ggf. METALLE aufklappen ⇒ ggf. ALUMINIUMLEGIERUNGEN aufklappen ⇒
<ALUMINIUM, 1350> auswählen ⇒ MODELL ZUWEISEN ⇒
AKTUALISIEREN ⇒ SCHLIEßEN

2. Anpassen der Farbe über die Menüleiste ANSICHT ⇒ Gruppe FORMAT-
   VORLAGE ⇒ TEIL FÄRBEN ⇒ Formatvorlage: GRAU wählen ⇒ Auswählen: KÖRPER ⇒ Körper im Arbeitsbereich anwählen ⇒ SCHLIEßEN

   Alternativ: Farben des gesamten Volumenkörpers können in der Solid Edge-
   Materialtabelle unter der Reiterkarte MATERIALEIGENSCHAFTEN unter
   TEILFLÄCHENFORMATVORLAGE eingestellt werden.

3. Vervollständigen der Dateieigenschaften über DATEN-MANAGEMENT ⇒
   EIGENSCHAFTEN ⇒ DATEIEIGENSCHAFTEN

4. INFO aufklappen ⇒ TITEL: <Hülse>

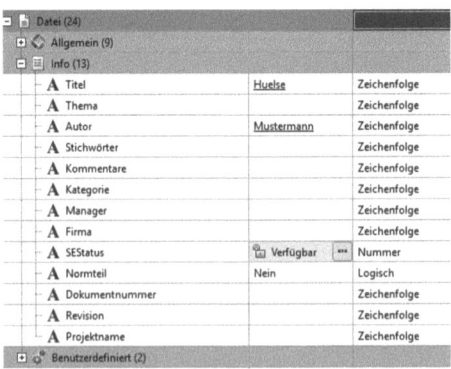

5. DOKUMENTNUMMER (entspricht auf der Technischen Zeichnung der
   Zeichnungsnummer): <100400-20>

6. Button ÜBERNEHMEN Übernehmen ⇒ Button SCHLIEßEN Schließen

7. Ausblenden der Referenzebenen und Skizze im Pathfinder auf Auge ⊚

8. Speichern der Arbeit ⇒ SPEICHERN

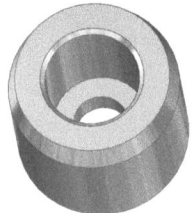 

2.4 Beispiel Winkel

Vorgehensweise

- Skizzieren der L-Kontur des Winkels in einer separaten vollständig bestimmten Skizze

- Symmetrisches Extrudieren der L-Kontur des Winkels

- Einfügen der zwei Bohrungen

- Einfügen eines Ausschnitts in einer separaten vollständig bestimmten Skizze ohne Verrundungen

- Erzeugen der Verrundungen im Ausschnitt

- Spiegeln des Ausschnitts mit Verrundungen

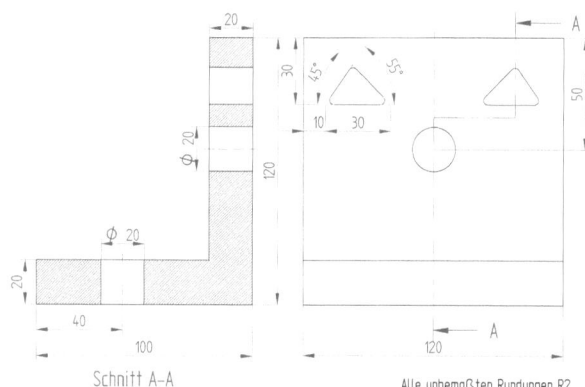

Schnitt A-A

Alle unbemaßten Rundungen R2

Datei neu erstellen

Neue Part-Datei öffnen und unter <Winkel.par> abspeichern

2.4.1 Skizzieren der L-Kontur des Winkels

1. Button SKIZZE ^{Skizze} ▾ anklicken

2. Beliebige Ebene anklicken

3. In Gruppe ZEICHNEN Button
   RECHTECK ÜBER Mittelpunkt

   anklicken

4. Zwei sich schneidende Rechtecke erzeugen

5. Button TRIMMEN 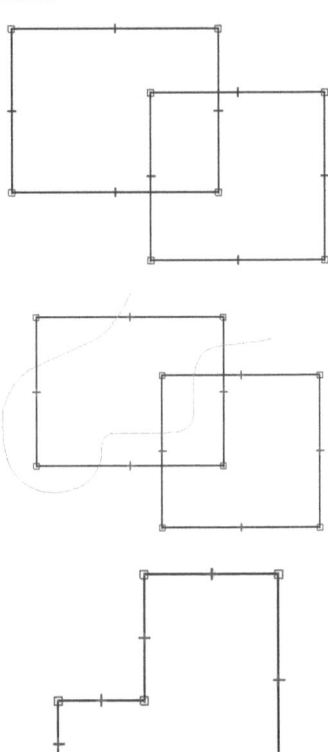 anklicken

6. Unerwünschte Linien durch Anklicken mit
   linker Maustaste trimmen **oder** durch gehaltene linke Maustaste eine Kurve zeichnen, die alle unerwünschten Linien schneidet

Alternativ:

3. In Gruppe ZEICHNEN Button LINIE anklicken

4. Gewünschte Kontur erzeugen

5. Falls die Linien der Kontur noch nicht hori-
   zontal/vertikal ausgerichtet sind (zu erkennen an einem roten +-Strich durch den Mittelpunkt der Linie), kann dies über den

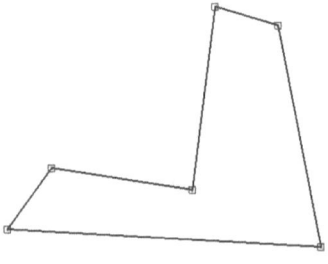

Button HORIZONTAL/VERTIKAL
erfolgen, alle schrägen Linien anwählen

7. In Gruppe BEZIEHUNGEN Button

   KOLLINEAR anklicken

8. Rechte senkrechte Linie anwählen

9. Senkrechte Referenzebene anwählen

10. Unterste waagerechte Linie anwählen

11. Waagerechte Referenzebene anwählen

12. In Gruppe BEMAßEN Button

   SMARTDIMENSION SmartDimension
   anklicken

13. Skizze korrekt bemaßen

14. Test, ob Skizze vollständig bestimmt ist
    über Menüleiste PRÜFEN ⇒ Gruppe
    BEWERTEN ⇒ BEZIEHUNGSFARBEN

15. Button SKIZZE SCHLIEßEN

2.4.2 Symmetrisches Extrudieren der L-Kontur des Winkels

1. In Gruppe VOLUMENKÖRPER Button EXTRUSION Extrusion anklicken

2. Auswahlfenster AUS SKIZZE WÄHLEN
   anklicken

3. Skizzenkontur anwählen

4. mit Haken bestätigen

5. Umstellen auf SYMMETRISCHES
   ABMAß
   Hinweis: Dies empfiehlt sich hier, damit
   beim späteren Positionieren der Bohrungen
   diese auf die Achse oder Skizze platziert
   werden können und nicht vom Rand mit einem Abstandsmaß versehen werden müssen.

6. Abstand <120 mm> ⇒ RETURN ⏎

7. FERTIGSTELLEN ⇒ ABBRECHEN

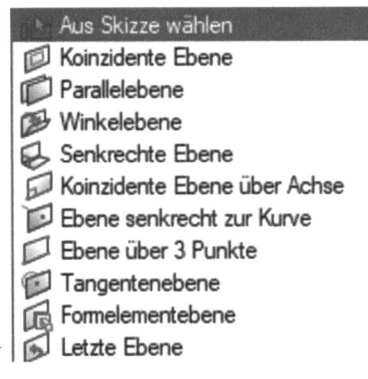

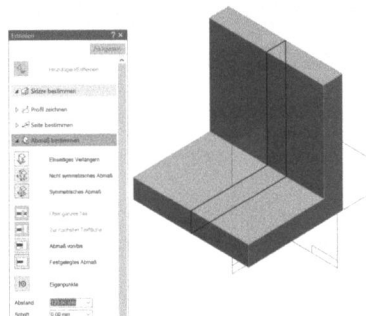

2.4.3 Einfügen der zwei Bohrungen

Bohrung

1. In Gruppe VOLUMENKÖRPER Button BOHRUNG ▾   anklicken

2. Innenseite des Winkels anklicken

3. Bohrungsoptionen festlegen (siehe 2.3.2)

4. Bohrung mit dem Mittelpunkt beliebig auf die Skizzenkante platzieren

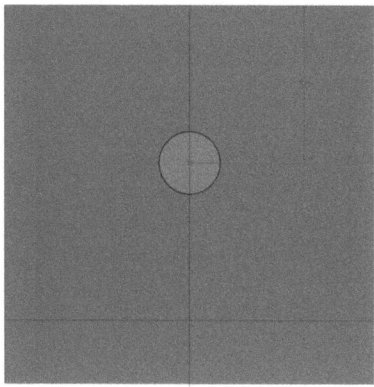

5. Button ABSTANDSBEMAßUNG anklicken

6. Abstand zwischen Bohrloch und Winkelkante mit <50 mm> bemaßen

7. Button SKIZZE SCHLIEßEN ✓

8. Richtung wählen mit linker Maustaste 🖱 ⇒ FERTIGSTELLEN

9. Analoges Vorgehen für zweite Bohrung auf der „Sitzfläche" des Winkels

2.4.4 Einfügen eines Ausschnitts mit Verrundungen

1. Button SKIZZE anklicken

2. Senkrechte Innenfläche des Winkels anklicken

3. Links in die Ecke mit Button LINIE Dreieckskontur zeichnen

4. In Gruppe BEMAßEN Button SMARTDIMENSION SmartDimension anklicken

5. Skizze bis auf die beiden Winkelbemaßungen bemaßen

6. Button WINKELBEMAßUNG anklicken

7. Gezeichnete Kathete bzw. Ankathete und Hypotenuse anwählen (aufpassen, dass die Linien und nicht etwa die Mittelpunkte der Linien angeklickt werden) und Winkel aufziehen

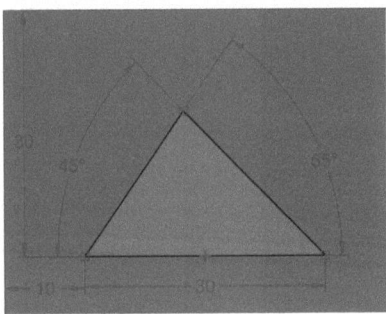

8. Button SKIZZE SCHLIEßEN

9. In Gruppe VOLUMENKÖRPER Button EXTRUSION anklicken

10. Auswahlfenster AUS SKIZZE WÄHLEN anklicken

11. Dreieckskontur anklicken ⇒ mit Haken ☑ bestätigen

12. Auf Button EINSEITIGES VERLÄNGERN 🔳 einstellen

13. Button ÜBER GANZES TEIL 🔲 oder ZUR NÄCHSTEN TEILFLÄCHE 🔲 anklicken

14. Richtung der Ausschnitttiefe in das Material des Winkels wählen und linke Maustaste klicken ⇒ FERTIGSTELLEN ⇒ ABBRECHEN

15. Schattierung   ausschalten   (in   Menüleiste   ANSICHT   Button DRAHTMODELL 🔲), um die verdeckten Kanten für die Verrundungen besser anklicken zu können

16. Button VERRUNDUNG Verrundung

17. Radius <2 mm> ⇒ ENTER drücken

18. Innenkanten des Dreiecksauschnittes auswählen

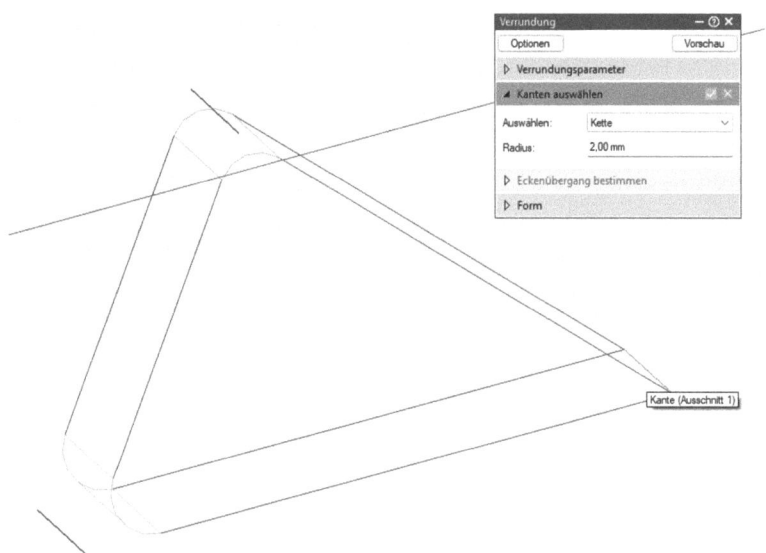

19. Mit Haken bestätigen ⇒ VORSCHAU

20. FERTIGSTELLEN ⇒ ABBRECHEN

21. Schattierung wieder einschalten in Menüleiste ANSICHT ⇒

2.4.5 Spiegeln des Ausschnitts samt Verrundung

1. In Gruppe MUSTER unter SPIEGELN Button FORMELEMENT SPIEGELN auswählen

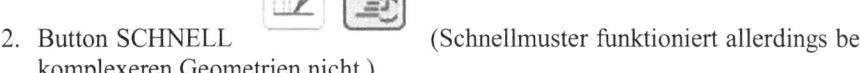

2. Button SCHNELL (Schnellmuster funktioniert allerdings bei komplexeren Geometrien nicht.)

3. Ausschnitt und Verrundung im PathFinder (Tipp: niemals dies im Arbeitsbereich machen) auswählen ⇒ mit Haken bestätigen

4. Senkrechte Referenzebene in der Längsachse des Winkels auswählen

5. FERTIGSTELLEN

2.4.6 Zuweisen fehlender Modelleigenschaften (siehe 2.3.6)

1. Teilefarbe: ORANGE

2. Vervollständigen der Dateieigenschaften (Titel <"Winkel"> und Dokument-nummer <120-100-30>)

3. Materialzuweisung: METALLE ⇒ ZINKLEGIERUNGEN ⇒ ZINK

4. Ausblenden aller Skizzen und Ebenen

5. Speichern des Modells

 Hinweis: Um die Befehlsfolgen besser lesbar zu machen, wird nur, wenn notwendig, der Namen der GRUPPE angegeben, in der sich die Funktionalität befindet.

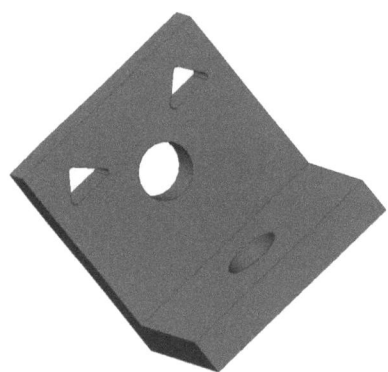

2.5 Kontrollfragen

1. Was ist ein Feature?

2. Durch welche Parameter wird ein Zylinder im 3D-Raum beschrieben?

3. Wie können Änderungen an Bauteilen schnell vorgenommen werden?

4. Wie wird die Modellierungstechnik von der Skizzenerstellung zum Volumen-körper noch genannt?

5. Welche drei Einstellungen sollten in der Skizzenumgebung von Solid Edge auf keinen Fall verändert werden?

6. Warum muss eine Bohrung auf der Stirnfläche eines Zylinders immer konzent-risch gesetzt werden?

3 Modellierung von Rotationskörpern

In diesem Kapitel werden anhand eines Rotationskörpers die Features Rotations-ausprägung, Rotationsauschnitt und Stufenbohrung vorgestellt. Den Abschluss bilden wieder die Kontrollfragen.

3.1 Beispiel Zierhülse

Vorgehensweise

- Skizzieren des Grundkörpers in einer separaten vollständig bestimmten Skizze

- Rotieren dieser Skizze mit Rotationsausprägung um 360°

- Einfügen einer Stufenbohrung

- Modellieren eines stufenartigen Rotationsausschnitts in einer separaten vollständig bestimmten Skizze

- Rotieren dieser Skizze mit Rotationsausschnitt um 360°

- Modellieren der Nut als Ausschnitt in einer separaten vollständig bestimmten Skizze

- Einfügen der Verrundungen an der Stufenbohrung

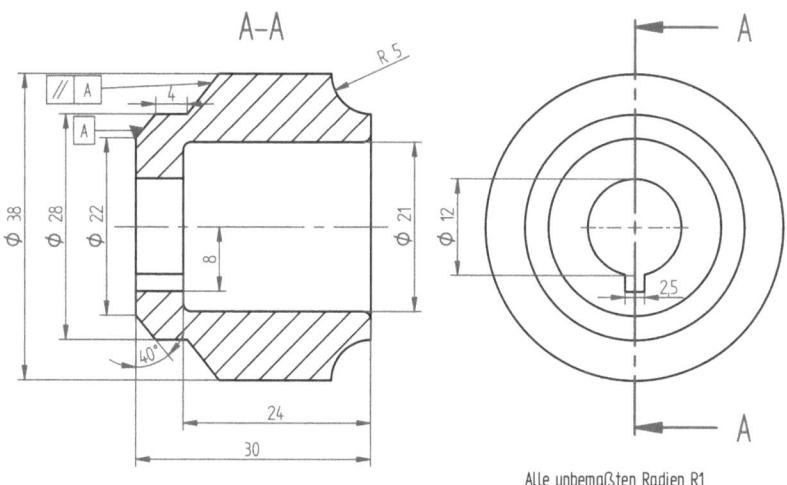

Alle unbemaßten Radien R1

Datei neu erstellen

1. Datei (.par) neu erstellen

2. Unter <Zierhuelse.par> speichern

3.1.1 Skizzieren der Grundkörperkontur

1. Button SKIZZE ^{Skizze} ▾ anklicken und eine beliebige Referenzebene anklicken

2. Button RECHTECK ÜBER MITTELPUNKT ▾ und beliebiges Rechteck erzeugen

> **Hinweis:** Rechteck kann allein durch Ziehen der Diagonalen erzeugt werden.

5. In Gruppe BEZIEHUNGEN ⇒ Button KOLLINEAR anklicken

6. Eine der vertikalen Linien des Rechtecks anwählen

7. Senkrechte Referenzebene anwählen

8. Eine der horizontalen Linien anwählen

9. Waagerechte Referenzebene anwählen

3.1.2 Bemaßen und Parametrisieren der einzelnen Linien

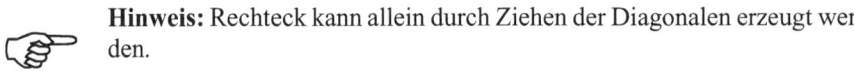

1. In Gruppe BEMAßEN Button SMARTDIMENSION SmartDimension anklicken

2. Rechteck horizontal bemaßen

3. Button SYMMETRISCHER DURCHMESSER anklicken

4. Einmalig Button HALB/VOLL in Befehlsleiste einschalten

5. Referenzachse (lokale x-Achse) anwählen

6. Horizontale Linie (die nicht kollinear auf Referenzebene liegt) anwählen

7. Bemaßung platzieren

8. Korrektes Maß <38 mm> eingeben ⇒ mit linker Maustaste bestätigen

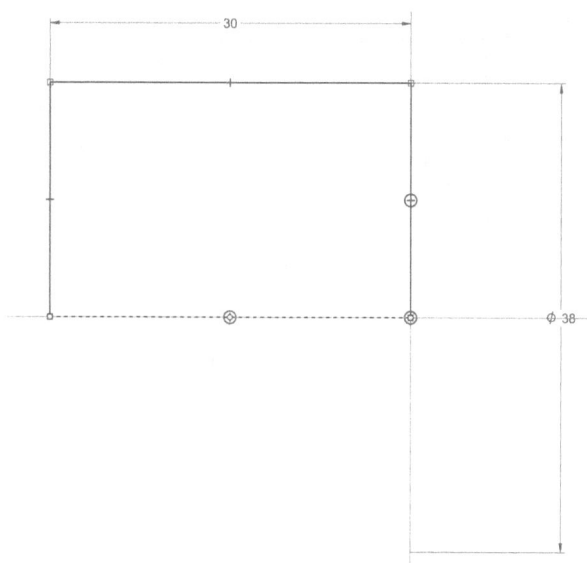

 Hinweis: In diesem Fall muss **keine** Rotationsachse erzeugt werden, da die horizontale kollineare Linie als Rotationsachse angegeben werden kann. Normalerweise ist aber eine Rotationsachse erforderlich!

9. (oder in Menüleiste HOME ⇒ Gruppe SCHLIEßEN ⇒ Button SKIZZE

SCHLIEßEN Skizze schließen) ⇒ FERTIGSTELLEN

3.1.3 Rotieren der Skizze um 360°

1. in Gruppe VOLUMENKÖRPER Button

ROTATION Rotation anklicken

2. Auswahlfenster AUS SKIZZE WÄHLEN

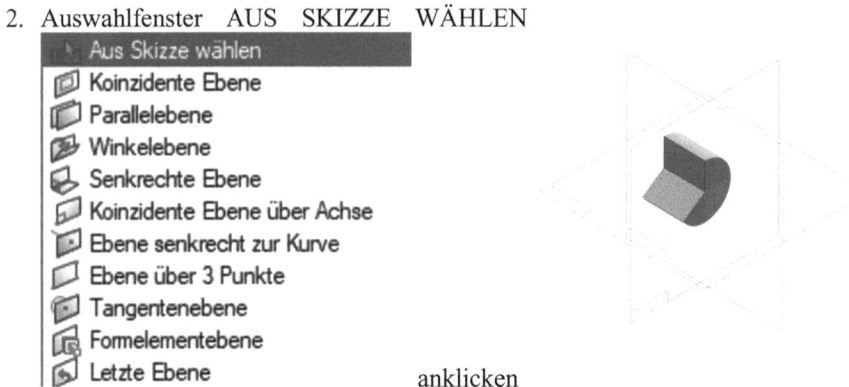

                                            anklicken

3. Skizzenkontur als Kette anwählen

4. Haken [✓] anklicken

5. Horizontale kollineare Linie als Rotationsachse anwählen

6. Winkel 360° eingeben ⇒ RETURN [◄—] ⇒ linke Maustaste [⬚]

   Alternativ: Button DREHUNG UM 360° [⊕]   Drehung um 360°   anklicken

7. FERTIGSTELLEN ⇒ ABBRECHEN

3.1.4 Einfügen einer Stufenbohrung

Bohrung
1. Button BOHRUNG ▾

2. Stirnfläche (welche auf der Referenzebene liegt) des Zylinders auswählen

3. Bohrung mittels BOHRUNGSOPTIONEN Optionen   als
   STUFENBOHRUNG festlegen, Parameterwerte für Stufenkopfdurchmesser mit
   <21 mm>, dessen Tiefe mit <24 mm> und Bohrungsdurchmesser mit 12 mm>
   eingeben

   Hinweis: Bevor dem Platzieren der Bohrung ist es sinnvoller, zuerst die Bohrungsoptionen zu nutzen, die Bohrform und deren Parameter einzustellen.

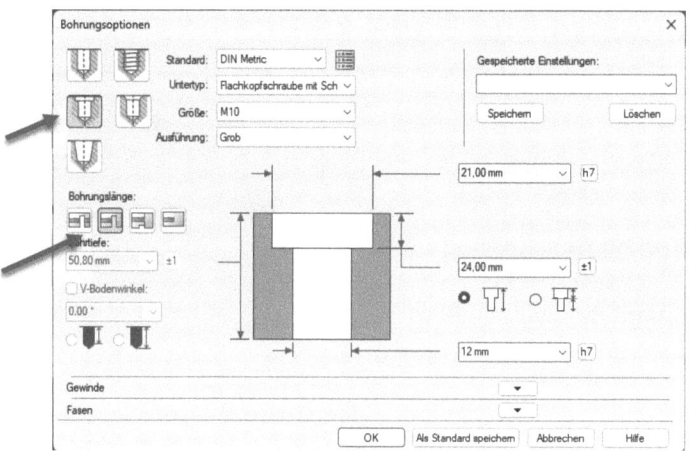

4. Bohrloch konzentrisch zum senkrechten Zylinder platzieren

5. Button BOHRUNG ⇒ ÜBER GANZES TEIL klicken

6. Richtung identifizieren mit linker Maustaste

7. FERTIGSTELLEN ⇒ ABBRECHEN

3.1.5 Modellieren eines stufenartigen Rotationsausschnitts

1. Button SKIZZE ⁀ anklicken

2. Eine der Referenzebenen anwählen (nicht das Bauteil!), sodass der Zylinder in der Seitenansicht zu sehen ist

3. In Gruppe ZEICHNEN ⇒ Button

LINIE ⁀ anklicken

4. Stufenartige Kontur zeichnen und dabei darauf achten, dass der Anfangs- und Endpunkt der Kontur jeweils mit den Linien der Stirnfläche und Mantelfläche des Zylinders verbunden sind (zu erkennen am roten X)

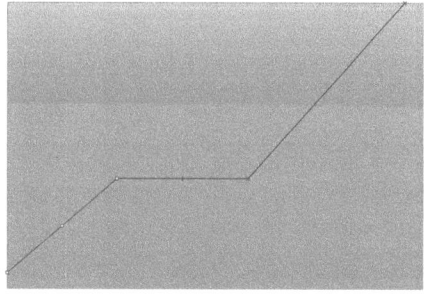

5. In Gruppe BEZIEHUNGEN ⇒ Button PARALLEL 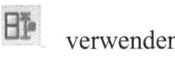 anklicken

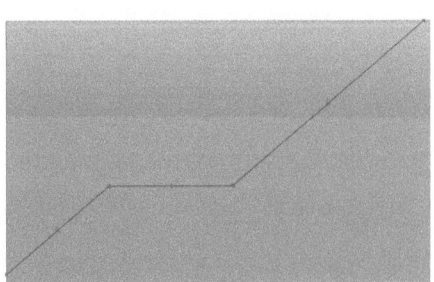

6. Die beiden schrägen Linien anklicken (beide Linien sollten nun parallel und mit zwei Strichen durchkreuzt sein)

7. Button WINKELBEMAßUNG ⚜ anklicken, gezeichnete Linie im Körper und Stirnflächenlinie anwählen

8. Winkelmaß mit linker Maustaste platzieren

9. Korrektes Maß von 40 Grad eingeben ⇒ RETURN

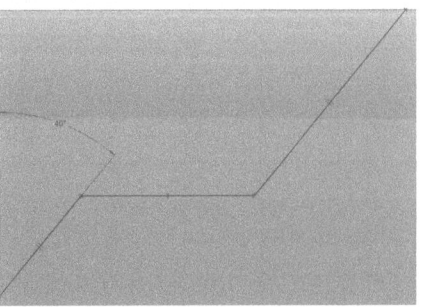

10. Horizontale Linie wie gewohnt bemaßen

11. Zur Abstandsbemaßung des Anfangspunkt und der horizontalen Linie der Kontur zur horizontalen Referenzachse erneut SYMMETRISCHER DURCHMESSER ▉ verwenden (siehe 3.1.2.)

12. Rotationsachse erzeugen: Linie parallel zur x-Achse skizzieren

13. Button KOLLINEAR ⚬⚬ anklicken, Linie anklicken und lokale x-Achse auswählen

14. Damit Linie auch als Hilfsgeometrie akzeptiert wird, Button KONSTRUKTION anklicken ⇒ Linie anklicken ⇒ Linie wird nun als **Konstruktionshilfslinie** gestrichelt dargestellt

15. Button SKIZZE SCHLIEßEN ☑

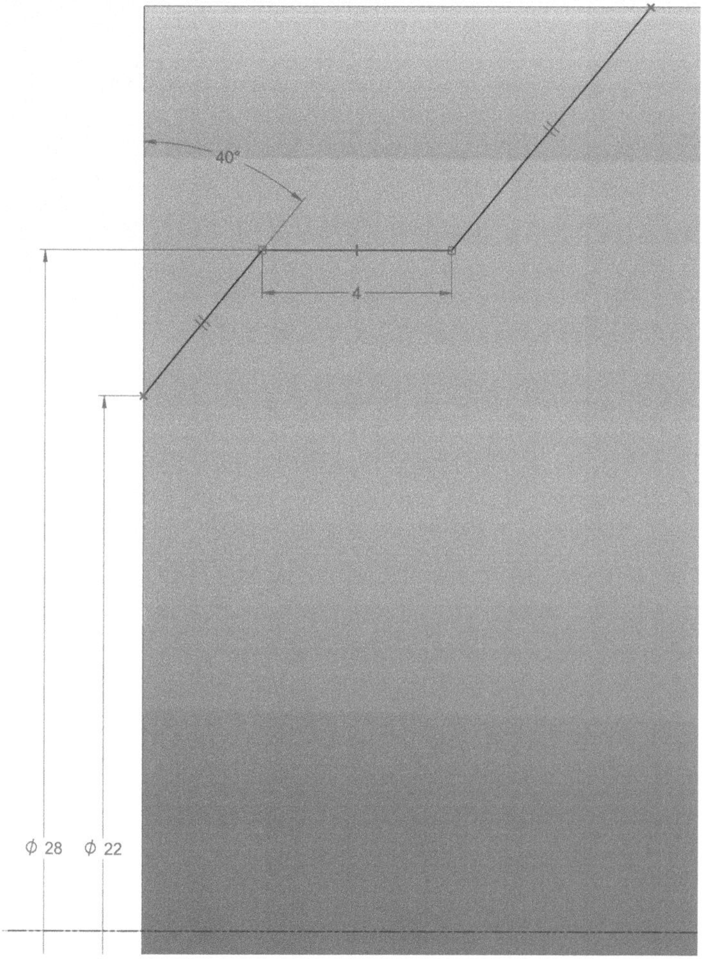

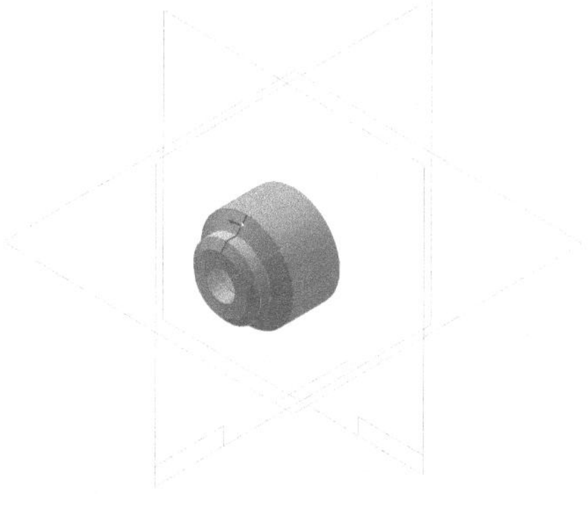

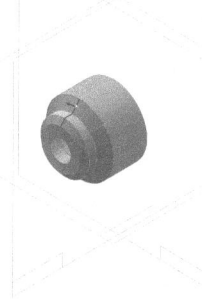

16. Button ROTATION   anklicken

17. Button EXTRUSION-AUSSCHNEI-
    DEN einstellen

18. Auswahlfenster AUS SKIZZE
    WÄHLEN anklicken und eben er-
    stellte Skizze anklicken

19. Auswahl mit Haken ✔ bestätigen

20. Konstruktionshilfslinie als Rotationsachse anwählen

21. Pfeil mit linker Maustaste in die Richtung wählen, in die das Material entfernt werden soll (Solid Edge hat automatisch erkannt, dass hier ein Rotationsausschnitt erfolgt) und mit linker Maustaste bestätigen

22. Button DREHUNG UM 360°   Drehung um 360°

23. FERTIGSTELLEN ⇒ ABBRECHEN

3.1.6 Modellieren eines Rotationsausschnitts

1. Button SKIZZE Skizze ▾ anklicken

2. Die gleiche Referenzebenen anwählen, die zuvor schon für die Skizze des stufenartigen Rotationsausschnittes ausgewählt wurde

3. In Gruppe ZEICHNEN Button KREIS ÜBER MITTELPUNKT auswählen

4. Ecke des Zylinders (Seitenansicht = Rechteck) anwählen, Kreis aufziehen und mit linker Maustaste das Aufziehen beenden

5. Mit Button SMARTDIMENSION SmartDimension Kreis mit <10 mm> bemaßen

6. Rotationsachse erzeugen (siehe 3.1.zstufenartiger Rotations-auschnitt)

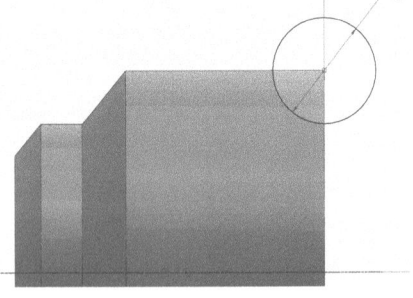

7. Button SKIZZE SCHLIEßEN

8. Button ROTATION Rotation anklicken

9. Button EXTRUSION-AUSSCHNEI-DEN  einstellen

10. Auswahlfenster AUS SKIZZE WÄHLEN anklicken und Kreis auswählen

11. Auswahl mit Haken  bestätigen

12. Konstruktionshilfslinie als Rotationsachse anwählen

13. ggf. Button DREHUNG UM 360°  Drehung um 360°

14. FERTIGSTELLEN ⇒ ABBRECHEN

3.1.7 Modellieren einer Nut als Ausschnitt

1. Button SKIZZE anklicken

2. Bodenfläche der Hülse anklicken

3. In Gruppe ZEICHNEN ⇒ Button LINIE anklicken

4. Linienkontur aus drei Linien zeichnen und darauf achten, dass der Anfangs- und der Endpunkt mit dem Kreis der Bohrung verbunden sind und alle Linien horizontal/vertikal ausgerichtet sind

5. Button VERBINDEN klicken
⇒ Mittelpunkt der Horizontalen Linie und senkreche Ebene anklicken

6. Mit Button SMARTDIMENSION

 Skizze vollständig bemaßen: Breite der Nut <2,5 mm>, Abstand dieser Linie zur x-Achse <8 mm>

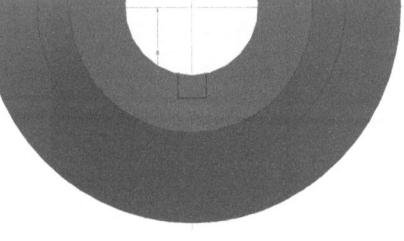

7. Button SKIZZE SCHLIEßEN

8. In Gruppe VOLUMENKÖRPER

Button EXTRUSION Extrusion anklicken (auch hier wird Solid Edge erkennen, dass Material entfernt werden soll)

9. Auswahlfenster AUS SKIZZE WÄHLEN anklicken

10. Linienkontur anklicken ⇒ mit Haken bestätigen

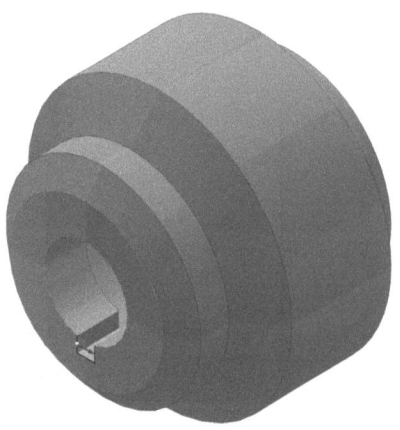

11. Pfeil in die Richtung wählen, in die das Material entfernt werden soll und mit linker Maustaste bestätigen

12. Button ZUR NÄCHSTEN TEILFLÄCHE ⇒ erneut Pfeil in die Richtung wählen, in die das Material entfernt werden soll und mit linker Maustaste bestätigen

13. FERTIGSTELLEN ⇒ ABBRECHEN

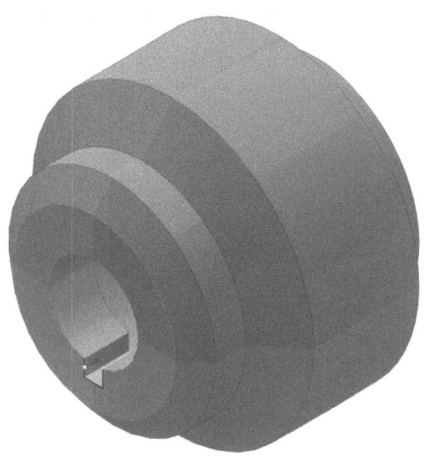

3.1.8 Verrunden der Kanten an der Stufenbohrung

1. Modell drehen, sodass man in die Stufenbohrung hinein schaut

Verrundung

2. Button VERRUNDUNG ▾

3. Radius <1 mm>

4. Oberkanten und Innenkante der Stufenbohrung auswählen

5. Mit Haken bestätigen ⇒ VORSCHAU

6. FERTIGSTELLEN ⇒ ABBRECHEN

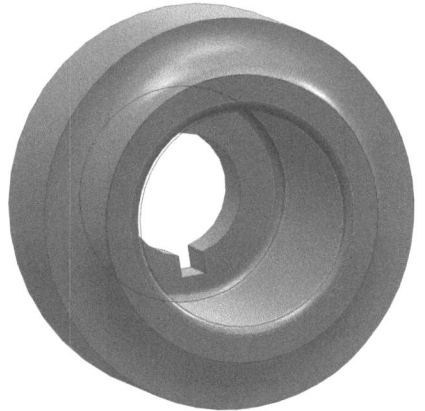

3.1.9 Zuweisen fehlender Modelleigenschaften (siehe 2.3.6)

1. Vervollständigen der Dateieigenschaften (Titel <"Zierhülse"> und Dokumentnummer <38-30-21-12>)

2. Materialzuweisung: NICHTMETALLE ⇒ HOLZ ⇒ HOLZ, MAHAGONI

3. Ausblenden aller Skizzen und Ebenen

4. Speichern der Arbeit

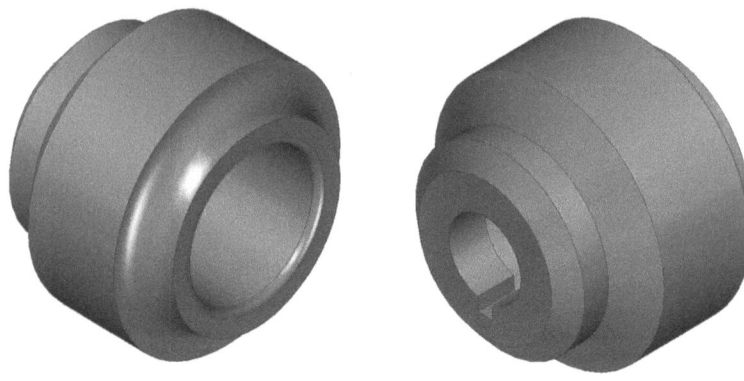

3.2 Kontrollfragen

1. Wie viele Freiheitsgrade kann ein Kreis in der 2D-Umgebung haben?
2. Wann ist eine Skizze vollständig bestimmt und wie drückt sich dies in Solid Edge aus?
3. Wofür kann eine Skizze die Grundlage bilden?
4. Wie kann eine Bohrung in 3D definiert werden?
5. Wie kann die Eingabe des 360°-Winkels bei einem Rotationskörper oder einem Rotationsausschnitt vermieden werden?
6. Wann muss eine Rotationsachse selbst erstellt werden?

4 Einzelteilmodellierung für den Zusammenbau

Auch dieses Kapitel widmet sich der Geometriemodellierung. Es werden für den Zusammenbau im nachfolgenden Kapitel verschiedene Einzelteile einer kompletten Baugruppe erzeugt. Es handelt sich dabei um ein Drosselventil. Um die bereits kennengelernten Modellierungsmethoden zu vertiefen und neue Varianten und Aspekte bei der Erstellung von Volumenmodellen kennenzulernen, wurden bewusst verschiedene Methoden und Alternativen zur Erstellung der Einzelteile angewendet.

Gesamtvorgehensweise

- Erzeugen eines Hebels, eines Deckels, einer Welle, einer Ventilplatte, eines Gehäuses, einer Schraube und einer Scheibe.

- Zusammenfügen der Einzelteile, vor Ort erstellen des Griffes am Hebel in einer Unterbaugruppe sowie vor Ort erstellen des Blindflansches am Gehäuse siehe nächstes Kapitel

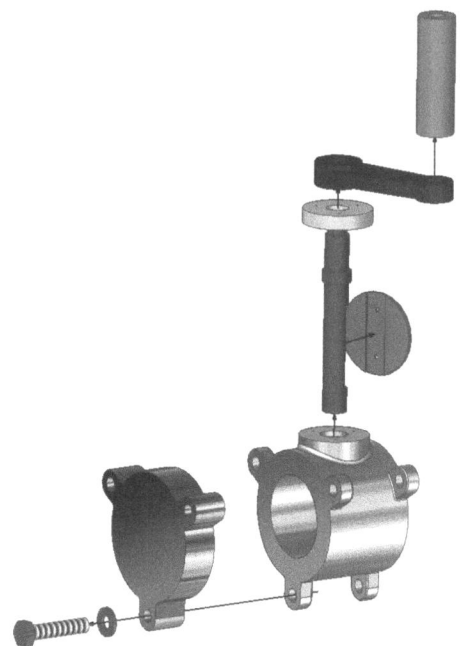

4.1 Modellieren des Hebels

Vorgehensweise

- Erstellen von drei separaten vollständig bestimmten Skizzen für die zwei Augen und das Hebelmittelteil

- Symmetrisches Extrudieren der beiden Augen und des Hebelmittelteils jeweils aus der jeweiligen Skizze

- Einfügen der beiden Bohrungen

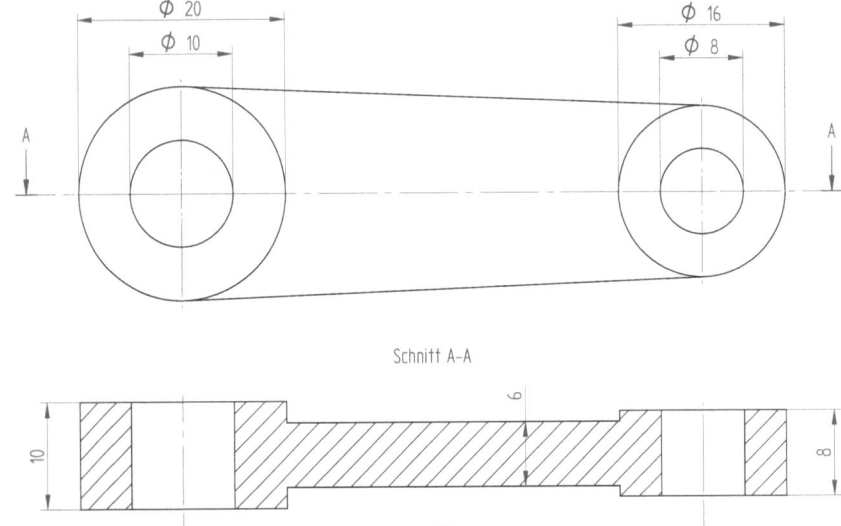

Datei neu erstellen

Neue Part-Datei öffnen und unter <Hebel.par> abspeichern

4.1.1 Erzeugen der drei separaten Skizzen

1. Erste Skizze erzeugen (siehe Kapitel 2. und 3.)
2. Mittelpunkt des Kreises in den Schnittpunkt der Referenzebenen legen
3. Kreis mit SMARTDIMENSION bemaßen ⇒ SKIZZE SCHLIEßEN ⇒ FERTIGSTELLEN ⇒ ABBRECHEN
4. Zweite SKIZZE erzeugen ⇒ selbe Referenzebene wie das erste Auge wählen
5. Mittelpunkt des Kreises auf selbe Referenzebene legen wie erstes Auge

6. Abstand der Mittelpunkte mit Button ABSTANDSBEMAßUNG 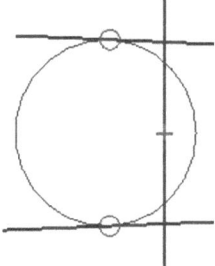 mit <50 mm> bemaßen ⇒ SKIZZE SCHLIEßEN ⇒ FERTIGSTELLEN ⇒ ABBRECHEN

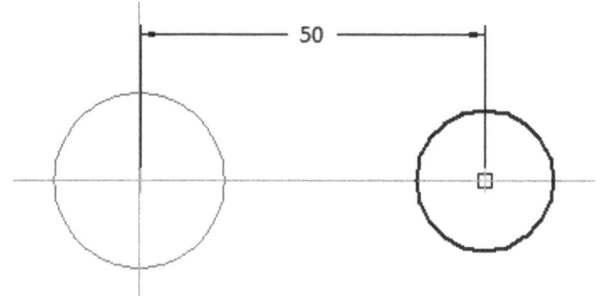

7. Dritte Skizze erzeugen ⇒ Selbe Skizzenebene wie die der beiden Augen anwählen

Linie

8. Button LINIE ˅ wählen
9. Vier Linien zeichnen (siehe Bild)

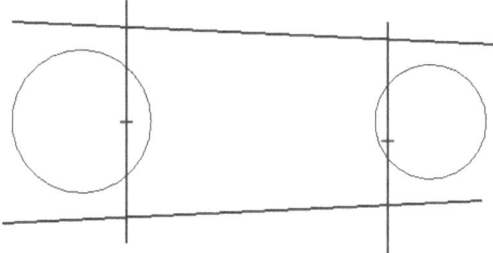

10. Die beiden horizontalen Linien werden nun tangential an beide Kreise gesetzt (Button TANGENTIAL ⟨o⟩) ⇒ zu erkennen an den kleinen roten Kreisen am Berührungspunkt

11. Als nächsten werden jeweils die Anfangspunkte der beiden vertikalen Linien mit den Berührungspunkten von horizontaler Linie mit Kreis verbunden (Button VERBINDEN ⌐ klicken) ⇒ horizontale Linie und Kreis müssen dabei orangegelb werden und ein weißes X ⊖✖ rechts nehmen der tangentialen Beziehung muss zu sehen sein (siehe Bild)

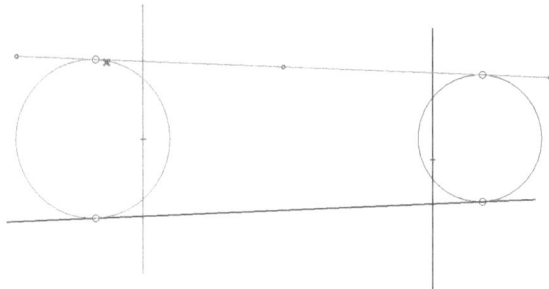

16. Zum Schluss Button TRIMMEN 🖳 anklicken

17. Unerwünschte Linien durch Anklicken mit linker Maustaste trimmen **oder** durch gehaltene linke Maustaste eine Kurve zeichnen, die alle unerwünschten Linien schneidet:

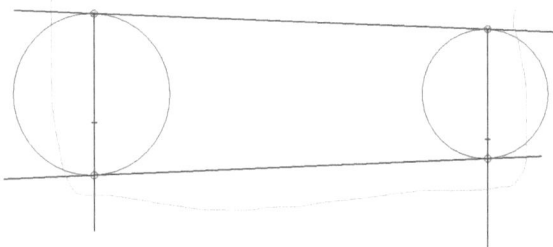

18. SKIZZE SCHLIEßEN ⇒ FERTIGSTELLEN ⇒ ABBRECHEN

4.1.2 Symmetrisches Extrudieren der Elemente des Hebels aus den Skizzen

1. Button EXTRUSION ⇒ Auswahlfenster: AUS SKIZZE WÄHLEN

2. Kreis aus der ersten Skizze anwählen ⇒ mit Haken bestätigen

3. Button SYMMETRISCHES ABMAß , um die Skizze in beide Richtungen gleichweit zu extrudieren

> **Hinweis:** Mit NICHTSYMMETRISCHES ABMAß sind auch unsymmetrische Abmaße möglich (Übung hierzu in Abschnitt 7.1)

4. Abstand <10 mm> ⇒ RETURN [⟵] ⇒ FERTIGSTELLEN

5. Mit dem zweiten Kreis und dem Hebelmittelteil ebenso verfahren

4.1.3 Erzeugen der Bohrungen

Vorgehensweise analog zu Kapitel 2

(Einfügen der Bohrungen in den Zylindern KONZENTRISCH ◎ positionieren)

4.1.4 Zuweisen fehlender Modelleigenschaften

1. Materialzuweisung: METALLE ⇒ STAHL ⇒ VERZINKTER STAHL

2. Teilefarbe: BLAU

3. Vervollständigen der Dateieigenschaften (Titel <"Hebel"> und Dokumentnummer <"H01">)

4. Ausblenden aller Skizzen und Ebenen

5. Speichern der Arbeit

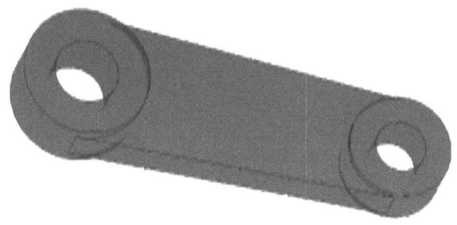

4.2 Modellieren des Deckels

Vorgehensweise

- Modellieren eines Zylinders

- Modellieren der inneren Bohrung

- Modellieren eine der drei äußeren Lochkreisbohrungen

- Mustern dieser Lochkreisbohrung

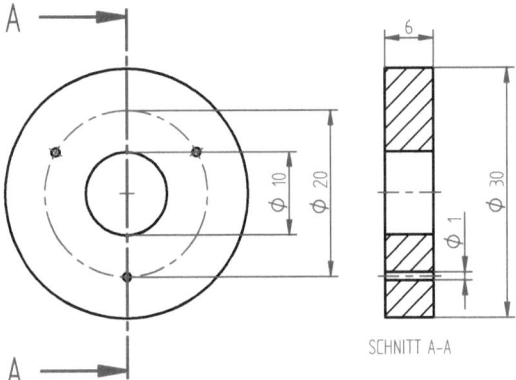

Datei neu erstellen

Neue Part-Datei öffnen und unter <Deckel.par> abspeichern

Modellieren des Zylinders und innerer Bohrung erfolgt analog zu Kapitel 2, dabei sollte der Mittelpunkt des Deckels in dem Schnittpunkt der Ebenen liegen.

Im Folgenden ist die Vorgehensweise für eine der drei äußeren Lochkreisbohrungen beschrieben:

1. Stirnfläche des Deckels auswählen ⇒ die BOHRUNGSOPTIONEN

   Optionen   ⊞   aufrufen

DURCHMESSER <1 mm> ⇒ ZUR NÄCHSTEN TEILFLÄCHE ⊡ ⇒ OK

2. Kreis beliebig platzieren

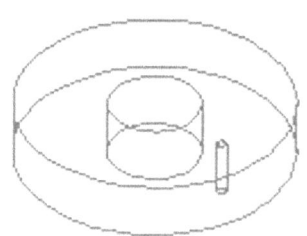

3. Button VERBINDEN ⌐ klicken ⇒ Mittelpunkt Kreis anklicken und eine Achse anklicken

4. Mit symmetrischem Durchmesser <20 mm> von dieser Achse zum Bohrungsmittelpunkt mit Button SYMMETRISCHER

   DURCHMESSER ⊞, da dies eine Lochkreisbohrung ist

4.2.1 Erzeugen der Musterbohrungen

Nach Einbringen der ersten Lochkreisbohrung Erzeugen der anderen Lochkreisbohrungen als Muster:

1. In Gruppe MUSTER Button MUSTER 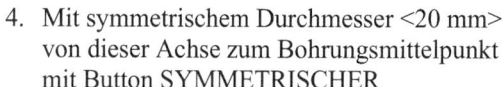 anklicken

2. Bei Mustertyp im PopUp-Menu KREISFÖRMIG  auswählen

3. Bei Platzierungstyp Button MUSTER-ÜBER SKIZZE 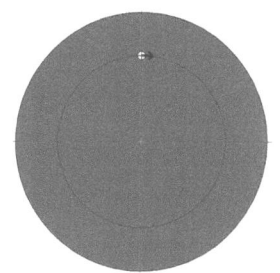 wählen

4. Bohrung mit Durchmesser <1 mm> im PathFinder auswählen ⇒ Haken ✓

5. Stirnfläche des Zylinders auswählen (koinzidente Ebene muss aktiviert sein

   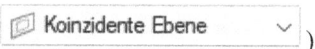)

6. Kreis aufziehen, Mittelpunkt liegt im Mittelpunkt des Zylinders (Durchmesser spielt keine Rolle), vom Mittelpunkt ausgehender Strahl (gestrichelte Linie) geht durch Mittelpunkt der Bohrung ⇒ mit linker Maustaste bestätigen

7. Drehrichtung wählen ⇒ mit linker Maustaste bestätigen

8. In Formatierungsleiste Anzahl <3> eingeben ⇒ RETURN

9. MUSTER-SCHNELL  kann eingestellt bleiben

10. SKIZZE SCHLIEßEN ⇒ FERTIGSTELLEN

4.2.2 Zuweisen fehlender Modelleigenschaften

1. Materialzuweisung: METALLE ⇒ EISEN
   ⇒ GRAUGUSS 20

2. Teilefarbe: GELB

3. Vervollständigen der Dateieigenschaften (Titel <"Deckel"> und Dokumentnummer
   <"DV2">)

4. Ausblenden aller Skizzen und Ebenen

5. Speichern der Arbeit

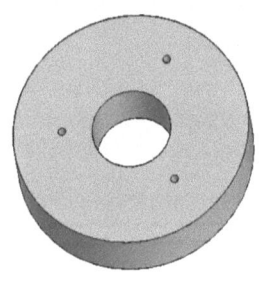

4.3 Modellieren der Welle

Vorgehensweise

- Modellieren der Zylinder

- Modellieren eines Ausschnittes aus
  den Zylindern

- Einfügen der Bohrungen als ein
  Feature

Datei neu erstellen

- Neue Part-Datei öffnen und unter
  <Welle.par> abspeichern

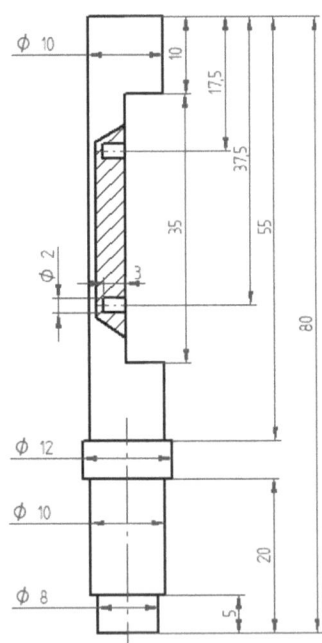

4.3.1 Erzeugen der Zylinder

1. In Menüleiste HOME ⇒ Gruppe WEITERE EBENEN ⇒ Button PARALLEL

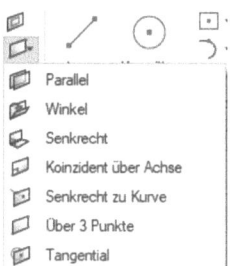

2. Referenzebene anwählen ⇒ Ziehen der parallelen Ebene

3. Abstand <20 mm> eingeben ⇒ RETURN

4. Linke Maustaste klicken

5. Button PARALLEL ⇒ Referenzebene anwählen ⇒ Ziehen der parallelen Ebene in gleiche Richtung wie vorige parallel erzeugte Ebene

6. Abstand <80 mm> ⇒ RETURN

7. Linke Maustaste oberhalb erster paralleler Ebene klicken

8. Button EXTRUSION

9. Zylinder mit Durchmesser <8 mm> und Höhe <5 mm> als Extrusion auf Referenzebene in Richtung zur ersten parallelen Ebene erzeugen ⇒ FERTIGSTELLEN

Hinweis: Bei einfachen Geometrien wie einem Kreis sollte man innerhalb eines Dialoges (hier: Extrusion) bleiben.

10. Erste parallele Ebene (d.h. die mit Abstand 20 mm zur Referenzebene) auswählen

11. Button KREIS ÜBER MITTELPUNKT

12. Kreis an beliebiger Stelle aufziehen mit Durchmesser <10 mm>

13. Kreis konzentrisch zu erstem Kreis anlegen ⇒ SKIZZE SCHLIEßEN

14. Button ABMAß VON/BIS

15. Rechte Maustaste klicken zum Akzeptieren der Profilebene als Ausgangspunkt

16. Obere Stirnfläche des ersten Zylinders auswählen

17. FERTIGSTELLEN

18. Erzeugte zweite parallele Ebene auswählen

19. Button KREIS ÜBER MITTELPUNKT

20. Kreis an beliebiger Stelle aufziehen mit Durchmesser <10 mm> und konzentrisch zu erstem Kreis anlegen ⇒ SKIZZE SCHLIEßEN

21. Button FESTGELEGTES ABMAß

22. Abmaß <55 mm> ⇒ RETURN ⏎ ⇒ Richtung in Richtung der beiden vorhandenen Zylinder wählen und mit linker Maustaste bestätigen

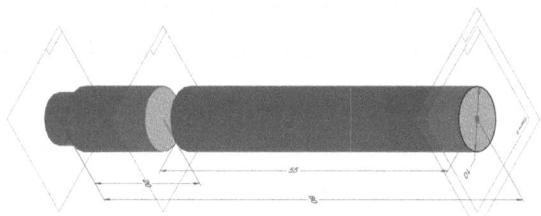

23. FERTIGSTELLEN

24. Stirnfläche des dritten Zylinders auswählen

25. Button KREIS ÜBER MITTELPUNKT

26. Kreis an beliebiger Stelle aufziehen mit Durchmesser <12 mm> und Kreis konzentrisch zu erstem Kreis anlegen ⇒ SKIZZE SCHLIEßEN

27. Button ABMAß VON/BIS

28. Rechte Maustaste zum Akzeptieren der Profilebene als Ausgangspunkt benutzen

29. Ebene mit linker Maustaste anklicken, auf der die Stirnfläche des zweiten Zylinders liegt

30. FERTIGSTELLEN ⇒ ABBRECHEN

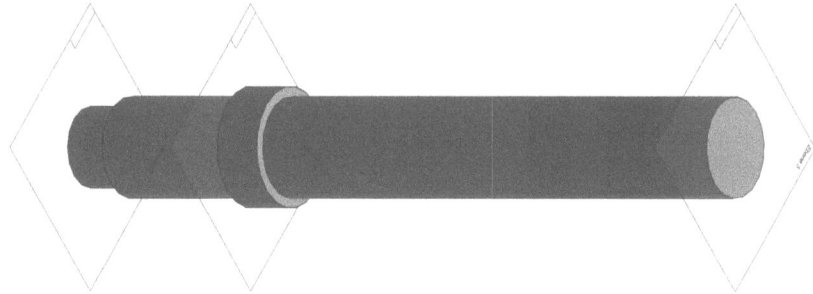

4.3.2 Modellieren des Ausschnittquaders

1. Button SKIZZE

2. Ebene in Längsachse der Welle auswählen

3. Button RECHTECK ÜBER MITTELPUNKT

4. Beliebiges Rechteck im Bereich des dritten Zylinders erzeugen

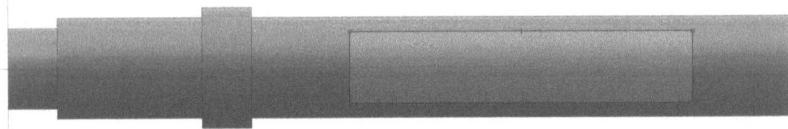

 Hinweis: Rechteck kann allein durch Ziehen der Diagonalen erzeugt werden.

5. Button KOLLINEAR drücken

6. Die Waagerechten des Rechtecks in Übereinstimmung mit drittem Zylinder kollinear bringen (mit dieser Vorgehensweise wird sichergestellt, dass bei späterer Änderung des Durchmessers dieses Zylinders der Ausschnitt „mitwächst".)

7. Mit Button ABSTANDSBEMAßUNG Länge des Ausschnitts mit <35 mm> und Abstand der Rechteckkante zu Volumenkörperkante mit <10 mm> erstellen:

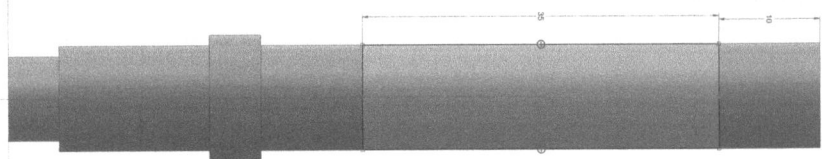

8. SKIZZE SCHLIEßEN

9. Button EXTRUSION ⇒ auf Button EXTRUSION-AUSSCHNEIDEN einstellen (hier wird die Automatik für das Entfernen von Material nicht funktionieren!)

10. Ggf. auf AUS SKIZZE WÄHLEN einstellen, Skizze anklicken und bestätigen

11. Button ZUR NÄCHSTEN TEILFLÄCHE einstellen (mit dieser Vorgehensweise wird sichergestellt, dass bei späterer Änderung des Durchmessers der Ausschnitt „mitwächst".)

12. Richtung bestimmen

13. Mit linker Maustaste im Arbeitsbereich bestätigen

14. FERTIGSTELLEN ⇒ ABBRECHEN

4.3.3 Erzeugen der zwei Bohrungen als ein Feature

Bohrung

1. Button BOHRUNG ▾

2. Button BOHRUNGSOPTIONEN ⇒ Durchmesser <2 mm> und Tiefe <3 mm> eingeben ⇒ OK

3. Beide Bohrungen platzieren und Abstände erster Bohrung zu zweiter Bohrung mit <20 mm> und zweiter Bohrung zu Volumenkörperkante mit <17,5 mm> bemaßen

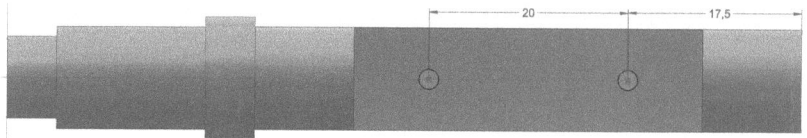

4. SKIZZE SCHLIEßEN ⇒ FERTIGSTELLEN ⇒ ABBRECHEN

4.3.4 Zuweisen fehlender Modelleigenschaften

1. Ausblenden aller Skizzen und Ebenen

2. Vervollständigen der Dateieigenschaften (Titel <"Welle"> und Dokumentnummer <"DV3">)

3. Zusätzlich in den Dateieigenschaften bei Normteil auf <Ja> einstellen ⇒ Das beinhaltet die Information für die Zeichnungserstellung, dass dieses Bauteil in Schnittansichten in der Zusammenbauzeichnung nicht geschnitten dargestellt werden soll.

4. Materialzuweisung: NICHTMETALLE ⇒ GENERISCHE GLASFASERN ⇒ GLAS, ALLGEMEIN INDUSTRIELL

5. Teilefarbe: GRÜN

6. Speichern der Arbeit

4.4 Modellieren der Ventilplatte

Vorgehensweise

- Modellieren des Zylinders aus symmetrischer Extrusion
- Modellieren eines Ausschnittes im Zylinder
- Einfügen der Bohrungen

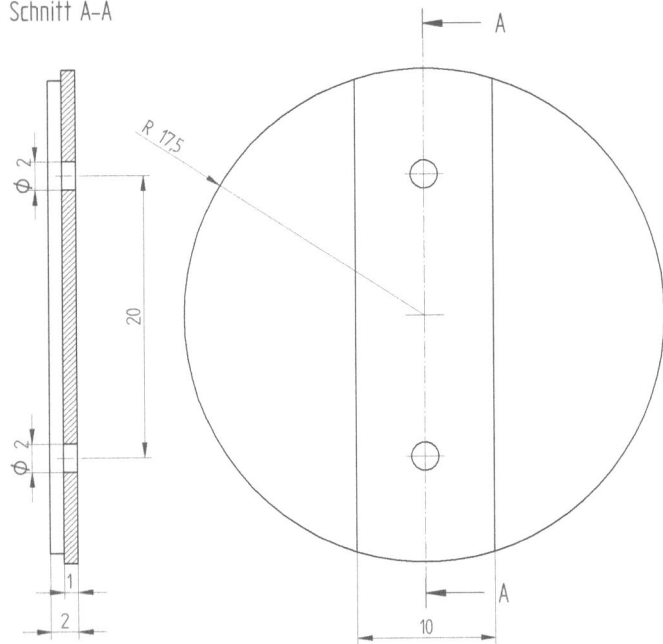

Datei neu erstellen

Neue Part-Datei öffnen und unter <Ventilplatte.par> abspeichern

4.4.1 Erzeugen des Zylinders

Zylinder mit Durchmesser <35 mm> und Höhe <2 mm> als symmetrische Extrusion erzeugen

 Hinweis: Mittelpunkt des Kreises in den Schnittpunkt der Ebenen legen

4.4.2 Modellieren des Ausschnittquaders

1. Button SKIZZE

2. Referenzebene anwählen, von der aus der Zylinder symmetrisch extrudiert wurde

3. Beliebiges Rechteck erzeugen

4. Button TANGENTIAL

5. Waagerechten des Rechtecks in Übereinstimmung mit Zylinder bringen (mit dieser Vorgehensweise wird bei späterer Änderung des Durchmessers des Deckels automatisch die Länge des Rechtecks angepasst)

6. Button VERBINDEN ⌐

7. Mittelpunkt einer Waagerechten des Rechtecks auswählen

8. Senkrechte Ebene auswählen

9. Button SMARTDIMENSION SmartDimension

10. Eine Waagerechte des Rechtecks mit <10 mm> bemaßen

11. SKIZZE SCHLIEßEN

12. Button EXTRUSION ⇒ auf Button HINZUFÜGEN/
ENTFERNEN [—] Hinzufügen/Entfernen einstellen
(hier wird die Automatik für das Entfernen von Material nicht funktionieren!)

13. Button ZUR NÄCHSTEN TEILFLÄCHE  klicken
(damit ist gewährleistet, dass bei Änderung der Höhe der Ventilplatte der halbe Ausschnitt gewahrt bleibt)

14. Richtung zu einer Seite der Zylinderdeckflächen bestimmen

15. FERTIGSTELLEN ⇒ ABBRECHEN

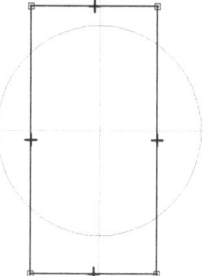

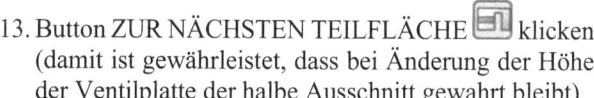

4.4.3 Erzeugen der Bohrungen mit Rechteckmuster

Erzeugen einer einfachen Bohrung als Feature

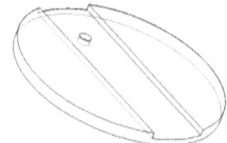

Bohrung

(Button BOHRUNG ⌄)

Hinweis:

 Bohrloch vom Mittelpunkt des Zylinders mit <10 mm> bemaßen

Natürlich hätten die beiden Bohrungen wie bei der Welle erzeugt werden können, aber die zweite Bohrung erfolgt nun mit dem Rechteckmuster.

Muster

1. Button MUSTER ⌄

2. Bei Mustertyp im PopUp-Menu RECHTECKIG 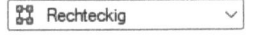 auswählen

3. Bei Platzierungstyp Button MUSTER-ÜBER SKIZZE wählen

4. Bohrung mit Durchmesser <2 mm> im PathFinder auswählen ⇒ ✓

5. Ausschnittfläche auswählen

6. Bohrungsmittelpunkt als erstes selektieren und Rechteck in positive x- und y-Richtung mit linker Maustaste beliebig aufziehen

7. In Formatierungsleiste eingeben: x-Anzahl <2>, y-Anzahl <1>, Breite <20 mm>, Höhe <beliebiger Wert>, da nur eine Reihe vorhanden ist (eventuell müssen die Werte von x und y nachträglich im PathFinder mit rechter Maustaste über PROFIL BEARBEITEN vertauscht werden)

8. Anschließend dieses Profil bemaßen (kann bzgl. Flexibilität wichtig für die spätere Erstellung von Teilefamilien sein)

9. Button MUSTER-SCHNELL  kann eingestellt bleiben

10. SKIZZE SCHLIEßEN ⇒ FERTIGSTELLEN

4.4.4 Zuweisen fehlender Modelleigenschaften

1. Ausblenden aller Skizzen und Ebenen

2. Vervollständigen der Dateieigenschaften (Titel <"Ventilplatte"> und Dokumentnummer <"DV4">)

3. Materialzuweisung: NICHTMETALLE ⇒ PLASTIK ⇒ POLYPROPYLEN,
   HOHER ANSCHLAG

4. Teilfarbe: ORANGE

5. Speichern der Arbeit

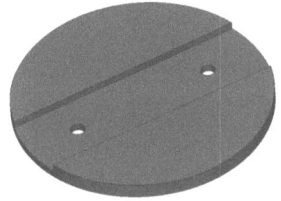

4.5 Modellieren des Gehäuses

Vorgehensweise

- Modellieren des Gehäusegrundkörpers aus symmetrischer Extrusion

- Erzeugen der Mittelbohrung

- Erzeugen des Knaufzylinders mittels Hilfsebenen

- Verrunden der Kante zwischen Gehäusegrundkörper und Knaufzylinder

- Erzeugen der Stufenbohrung

- Erzeugen der drei Lochkreisbohrungen

- Modellieren des Flansches

- Mustern des Flansches als Kreismuster („Instanzieren")

- Spiegeln der drei Flansche auf die andere Seite

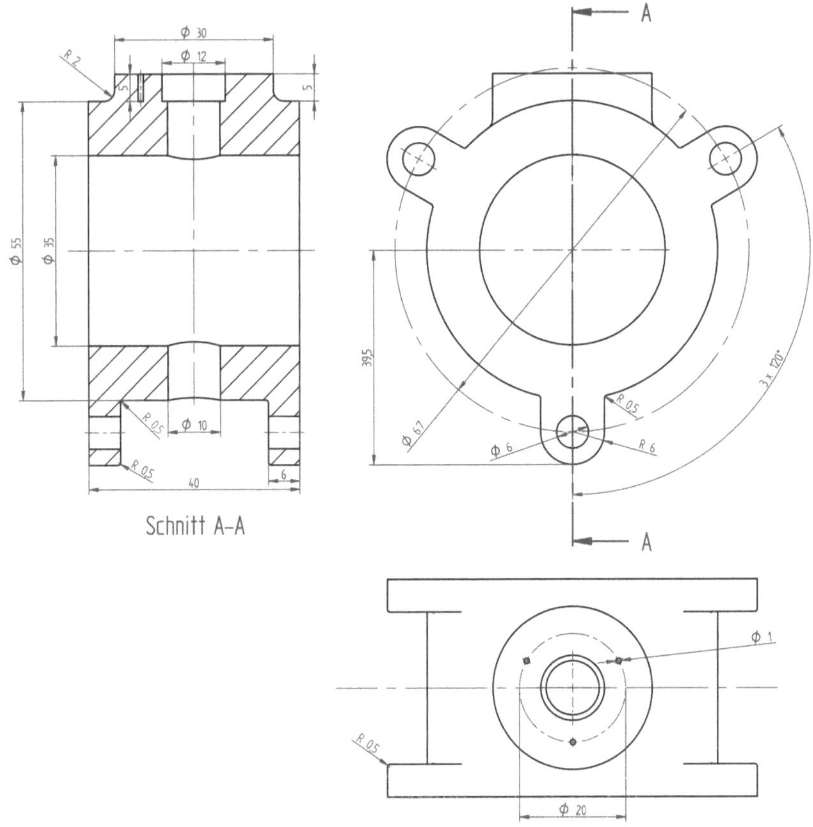

Schnitt A-A

Datei neu erstellen

Neue Part-Datei öffnen und unter <Gehaeuse.par> abspeichern

4.5.1 Modellieren des Gehäusegrundkörpers

Zylinder mit Durchmesser <55 mm> und Höhe <40 mm> als **symmetrische**

Extrusion mit SYMMETRISCHES ABMAß  erzeugen

Hinweis:
Mittelpunkt des Kreises in den Schnittpunkt der Ebenen legen

4.5.2 Erzeugen der Mittelbohrung

Diese Bohrung als einfache Bohrung mit dem Durchmesser <35 mm> konzentrisch zum Gehäusegrundkörper erzeugen:

$\Rightarrow$

4.5.3 Erzeugen des Knaufzylinders mittels Hilfsebenen

1. Button WEITERE EBENEN ⌗ $\Rightarrow$ TANGENTIAL ⌗ Tangential auswählen

2. Mantelfläche des Zylinders auswählen, Winkel <90 Grad> eingeben $\Rightarrow$ RETURN, d.h. Richtung des roten Pfeils zeigt nach oben (im Bild ist diese Ebene grün dargestellt)

3. Button WEITERE EBENEN ⌗ $\Rightarrow$ PARALLEL ⌗ Parallel auswählen

4. Zuvor tangential erstellte Ebene anklicken und parallele Ebene mit Abstand <5 mm> erzeugen (im Bild ist diese Ebene orange dargestellt)

5. Button EXTRUSION Extrusion

6. In SKIZZE BESTIMMEN $\Rightarrow$ KOINZIDENTE EBENE ⌗ Koinzidente Ebene wählen

7. Zuletzt erzeugte parallele Ebene auswählen
8. Button KREIS ÜBER MITTELPUNKT

9. Kreis in Schnittpunkt der zwei Ebenen legen, mit Durchmesser <30 mm> bemaßen $\Rightarrow$ SKIZZE SCHLIEßEN

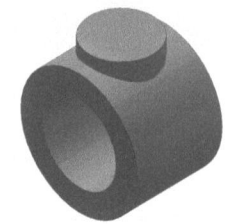

10. Button auf EINSEITIG VERLÄNGERN einstellen

   ⇒ Button ZUR NÄCHSTEN TEILFLÄCHE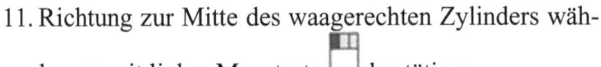
   (bei ÜBER GANZES TEIL würde der Knaufzylinder
   auch durch die Mittelbohrung gehen)

11. Richtung zur Mitte des waagerechten Zylinders wäh-

   len ⇒ mit linker Maustaste 🖱 bestätigen

12. FERTIGSTELLEN ⇒ ABBRECHEN

4.5.4 Verrunden der Kante zwischen Gehäusegrundkörper und Knaufzylinder

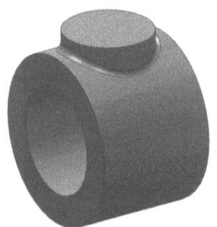

1. Tangentiale   und   parallele   Ebene   im
   PathFinder ausblenden

2. Button VERRUNDUNG

3. Übergangskante zwischen Gehäusegrundkörper und
   Knaufzylinder auswählen und bestätigen

4. Radius <2 mm> eingeben

5. Button VORSCHAU

6. FERTIGSTELLEN ⇒ ABBRECHEN

4.5.5 Erzeugen der Stufenbohrung

1. Button BOHRUNG ⇒ Stirnfläche des Knaufzylinders auswählen

2. Bohrung mittels Bohrungsoptionen als STUFENBOHRUNG festlegen: Stu-
   fenbohrkopfdurchmesser <12 mm, dessen Tiefe <5 mm> und Durchmesser
   <10 mm>

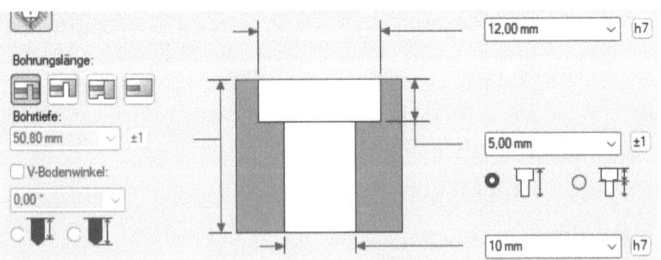

3. Dabei Bohrungslänge auf ÜBER GANZES TEIL einstellen: siehe links im
   Bild im Unterschied Zur NÄCHSTEN TEILFLÄCHE rechts im Bild jeweils
   als Halbschnitt dargestellt:

4. Stufenbohrung konzentrisch platzieren

5. SKIZZE SCHLIEßEN

6. FERTIGSTELLEN ⇒ ABBRECHEN

4.5.6 Erzeugen der drei Lochkreisbohrungen

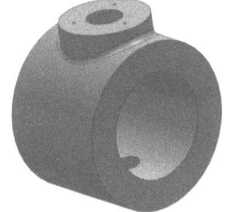

1. Eine der drei Lochkreisbohrungen als einfache Bohrung mit dem Durchmesser <1 mm>, Bohrlänge
   FESTE TIEFE <5 mm> und Abstand mit symmetrischem Durchmesser <20 mm> erzeugen

2. Die restlichen zwei Bohrungen als Kreismuster erzeugen (Vorgehensweise siehe bei dem Deckel), Muster-
   mittelpunkt ist die Stufenbohrung

4.5.7 Modellieren des Flansches

1. Button SKIZZE

2. Eine Stirnfläche des Gehäusegrundkörpers auswählen

3. Button LINIE ⇒ Konturzug erstellen, Breite Flansch
   mit <12 mm> und Abstand zur x-Achse mit <39,5
   mm> bemaßen

   Alternativ: Statt den Mittelpunkt der horizontalen Linie mit der lokalen y-Achse mit VERBINDEN: zu verknüpfen, kann auch über die geometrische Beziehung

   SYMMETRIEACHSE die lokale y-Achse als
   Symmetrieachse und anschließend die linke und
   rechte vertikale Linie angeklickt werden.

4. SKIZZE SCHLIEßEN

5. Button EXTRUSION

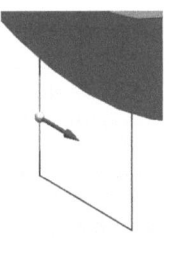

6. Auf HINZUFÜGEN/ENTFERNEN ⊕ Hinzufügen/Entfernen
   einstellen (bei der automatischen Einstellung kann es
   passieren, dass im folgenden Material entfernt wird)

7. AUS SKIZZE AUSWÄHLEN einstellen

8. Bei SEITE BESTIMMEN den roten Pfeil nach innen
   einstellen und mit Linksklick bestätigen

9. FESTGELEGTES ABMAß: <6 mm> einstellen und
   in die richtige Richtung mit Linksklick bestätigen

10. FERTIGSTELLEN ⇒ ABBRECHEN

11. Verrunden des Flansches mit <6 mm>

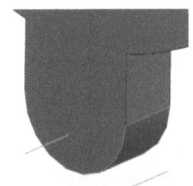

12. Modellieren der Flanschbohrung als einfache Bohrung
    mit Durchmesser <6 mm> konzentrisch zum Flansch-
    bogen

13. Zum Verrunden der Flanschinnenkanten Modell dre-
    hen und Schattierung unter Menüleiste ANSICHT ⇒
    SICHTBARE UND VERDECKTE KANTEN aus-
    schalten, um die verdeckten Kanten für die Verrun-
    dungen besser anklicken zu können

14. Radius <0,5 mm> eingeben und bestätigen

15. Oberkanten des Flansches und Übergangskanten vom
    Flansch zum Gehäuse auswählen und bestätigen

16. VORSCHAU

17. FERTIGSTELLEN ⇒ ABBRECHEN

18. Schattierung in Menüleiste ANSICHT ⇒
    SCHATTIERT MIT SICHTBAREN KANTEN wie-
    der einschalten

4.5.8 Mustern des Flansches als Kreismuster

1. Button MUSTER

2. Bei Mustertyp im PopUp-Menu KREISFÖRMIG  auswählen

3. Bei Platzierungstyp Button MUSTER-ÜBER SKIZZE  wählen

4. Flansch, Flanschverrundung, Flanschbohrung und Verrundung der Innenkanten im PathFinder auswählen und bestätigen

5. Stirnfläche des Gehäusegrundkörpers auswählen

6. Kreis konzentrisch zu Gehäusegrundkörper aufziehen und den Flanschbohrmittelpunkt ansteuern ⇒ Drehrichtung mit linker Maustaste festlegen

7. Anzahl <3> ⇒ RETURN

8. SKIZZE SCHLIEßEN

9. Beim Bemustern von Formelementen auf MUSTER-SMART klicken, falls SCHNELL fehlschlägt

10. FERTIGSTELLEN

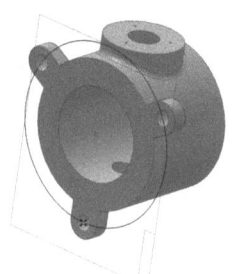

4.5.9 Spiegeln der drei Flansche auf die andere Seite

1. In Gruppe MUSTER unter SPIEGELN Button FORMELEMENT SPIEGELN auswählen

Spiegeln
△▷ Formelement spiegeln
▷ Spiegelkopie eines Teils

2. Flansch, Flanschverrundung, Flanschbohrung, Verrundung der Innenkanten und das zuvor erstellte Muster im PathFinder auswählen und bestätigen

3. Senkrechte Referenzebene in der Längsachse des zweiten Zylinders auswählen

4. Button FORMELEMENT-SPIEGELN SMART  einstellen (Schnellmuster funktioniert bei komplexeren Geometrien wie in diesem Fall nicht)

5. FERTIGSTELLEN

4.5.10 Zuweisen fehlender Modelleigenschaften

1. Ausblenden aller Skizzen und Ebenen

2. Vervollständigen der Dateieigenschaften (Titel <"Gehäuse"> und Dokumentnummer <"DV1">)

3. Materialzuweisung: METALLE ⇒ KUPFERLEGIERUNGEN ⇒ BRONZE, 90 %

4. Teilefarbe: SILBER

5. Speichern der Arbeit

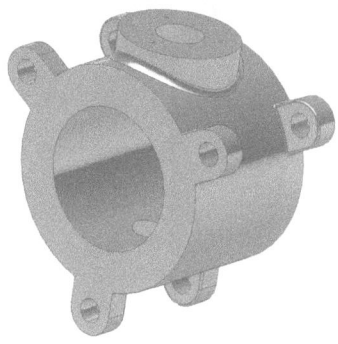

4.6. Modellieren einer Schraube und einer Scheibe

Die Modellierung der beiden Einzelteile Schraube und Scheibe erfolgt wie in den vorangegangen Kapiteln beschrieben. Die Informationen zum Vervollständigen der Dateieigenschaften werden aus der Stücklistentabelle (Abschnitt 5.6) entnommen. Beide Einzelteile haben das Material METALLE $\Rightarrow$ STAHL $\Rightarrow$ EDELSTAHL.

Schraube:

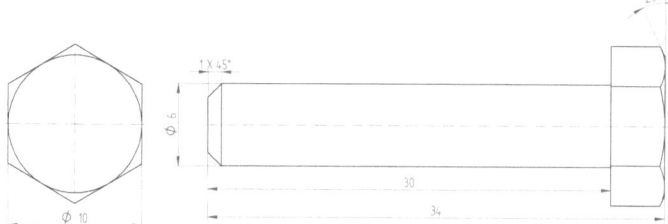

Scheibe:

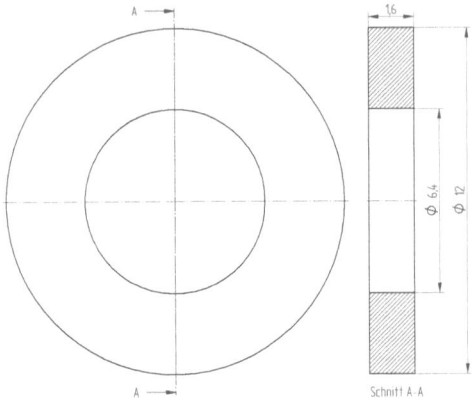

4.7 Kontrollfragen

1. Welche Möglichkeiten in Solid Edge gibt es, einzelne Formelemente auf schnellem Weg zu vervielfältigen?

2. Warum ist die Verwendung von Mustern bei der Erzeugung gleichartiger Formelemente sinnvoll?

3. Welche Möglichkeiten zur Erstellung von Mustern gibt es in Solid Edge?

4. Welche Vorgehensweise ist normalerweise beim Modellieren der Welle sinnvoll?

5. Welche Vorgehensweise wäre beim Modellieren des Ausschnitts der Welle am besten gewesen?

6. Welche Möglichkeit hätte sich zur Erzeugung der zweiten Bohrung in der Welle noch geeignet?

5 Zusammenbau (Assemblies)

Dieses Kapitel befasst sich mit dem Zusammenfügen von Einzelteilen zu Baugruppen. Im ersten Abschnitt erfolgt hierzu eine Erläuterung grundlegender Definitionen und Anordnungsbeziehungen von Bauteilen. Im Anschluss daran werden die spezifischen Symbolleisten und unterschiedlichen Buttons erklärt. Der nächste Abschnitt beinhaltet den Zusammenbau einer Baugruppe aus den Einzelteilen Gehäuse, Welle, Ventilplatte und Deckel aus Kapitel 4. Im folgenden Abschnitt wird ein Hebelaufsatz für den Griff ausgehend von den Konturen des Hebels aus Kapitel 4 vor Ort in einer Unterbaugruppe erstellt und in den Zusammenbau Drosselventil eingefügt. Danach wird ein zusätzliches Einzelteil (Blindflansch) direkt in der Baugruppe erzeugt. Dabei werden Geometriemerkmale der Baugruppe zur Modellierung mitverwendet. Den vorletzten Abschnitt bilden das Hinzufügen einer Unterbaugruppe bestehend aus einer Schraube und Scheibe sowie das Erzeugen von Bauteilmustern. Anschließend erfolgt eine kurze Einführung in die Kollisionsanalyse sowie die Erstellung eines Motors und danach wieder einige Kontrollfragen.

5.1 Definitionen

Assembly
Sammlung von zusammengehörigen Teilen (Baugruppe), die auch aus Unterbaugruppen bestehen kann. In Solid Edge sind Assemblies grundsätzlich durch die Erweiterung *.asm* gekennzeichnet.

Komponente
Einzelteil oder Unterbaugruppe

Bottom-Up Modelling
Komponenten existieren bereits als isoliertes Modell und werden als solches behandelt. Wird die Komponente verändert, so hat das ein Update der Assembly-Datei zur Folge, sobald diese erneut aufgerufen wird.

Beziehung
Bedingungen, die für die einzelnen Komponenten Gültigkeit haben. Jede Komponente kann ein oder mehrere solcher Bedingungen besitzen. Sie definiert die geometrische Lage innerhalb der Baugruppe.

© Der/die Autor(en), exklusiv lizenziert an
Springer Fachmedien Wiesbaden GmbH, ein Teil von Springer Nature 2026
M. Schabacker, *Solid Edge 2025 für Einsteiger – kurz und bündig*,
https://doi.org/10.1007/978-3-658-49835-1_5

Mit der Solid Edge-Assembly-Umgebung können komplexe Baugruppen konstruiert werden.

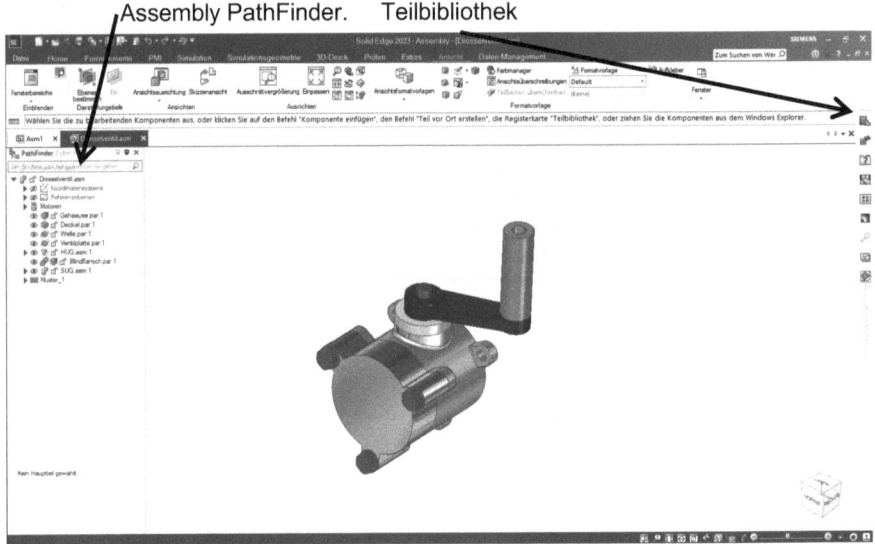

Die Aufteilung der Symbolleisten entspricht der Part-Umgebung. Im folgenden werden die für dieses Buch relevanten Buttons beschrieben.

5.2 Erläuterungen zur anwendungsspezifischen Symbolleiste

Auswählen	AUSWÄHLEN [eines Elementes]
Skizze 3D-Skizze	SKIZZE [erstellt eine Skizze auf einer zweidimensionalen Struktur, auf der Komponenten platziert werden können] Bedienung der anderen Befehle erfolgt wie in PART
Komponente einfügen ▼	KOMPONENTE EINFÜGEN [fügt Komponenten per Drag-and-Drop aus der Teilebibliothek in die Baugruppe ein]

Teil vor Ort erstellen ▾ Teil vor Ort erstellen Interne Komponente erstellen Knotenblech Systembibliothek Komplettverschraubung	TEIL VOR ORT ERSTELLEN [erstellt ein Teil bzw. eine Unterbaugruppe im Kontext der Baugruppe] INTERNE KOMPONENTE ERSTELLEN [erstellt eine interne Komponente (Teil, Blech oder Baugruppe im Kontext der Baugruppe] KNOTENBLECH [erstellt Knotenbleche auf den ausgewählten Flächen von Komponenten] SYSTEMBIBILOTHEK [erstellt ein Systembibliotheks-Dokument aus der offenen Baugruppe] KOMPLETTVERSCHRAUBUNG [platziert Verschraubungen in der Baugruppe]
Komponentenmontage	KOMPONENTENMONTAGE [erstellt Beziehungen zwischen Baugruppenkomponenten]
	Beziehungstypen im Zusammenbau: Erläuterungen siehe Abschnitt 5.4
▣	BAUGRUPPEN-BEZIEHUNGSMANAGER [listet alle Baugruppenbeziehungen und -status auf und ermöglicht Änderungen und Reparaturen]
▶◀	BAUGRUPPEN-BEZIEHUNGSASSISTENT [weist ausgewählten Teilen Baugruppenbeziehungen zu]
▣	CAPTUREFIT [speichert Beziehungen für die Platzierung]
Bei Auswahl verschieben	BEI AUSWAHL VERSCHIEBEN [aktiviert ein Steuerrad bei Anklicken eines Bauteils, um dieses zu verschieben]
Komponente ziehen ▾ Komponente ziehen Komponenten verschieben Starr Anpassbar	KOMPONENTE ZIEHEN [verschiebt unvollständig bestimmte oder fixierte Teile] KOMPONENTEN VERSCHIEBEN [verschiebt oder kopiert ausgewählte Teile] STARR [versetzt eine Baugruppe vom anpassbaren in den starren Zustand] ANPASSBAR [versetzt eine Baugruppe in einen anpassbaren Zustand; es können Positionsbeziehungen erstellt werden, während die übergeordnete Baugruppe aktiviert ist]

Teil ersetzen ▾	TEIL ERSETZEN [ersetzt ein gewähltes Teil oder eine Unterbaugruppe (je nach gewählter Option durch ein anderes Teil, Normteil, durch neues Teil oder durch eine Kopie]
	VERSCHIEBEN [verschiebt ausgewählte Vorkommnisse (Teile, Baugruppen etc.) zu einer neuen oder vorhandenen Baugruppe] VERTEILEN [einer Unterbaugruppe, indem die Teile der nächst höheren Unterbaugruppe zugewiesen werden und die Referenz zur vorhandenen Unterbaugruppe entfernt wird]
	DREHMOTOR [erstellt einen Drehmotor, um die Bewegung an einem unterdefinierten Teil zu simulieren]
	LINEARMOTOR [erstellt einen Linearmotor, um die Bewegung an einem unterdefinierten Teil zu simulieren]
	MOTOR SIMULIEREN [startet die Simulation des vorher definierten Motors]
	MUSTER [erstellt ein aus den markierten Teilen bestehendes Muster]
	KOMPONENTEN SPIEGELN [spiegelt ausgewählte Baugruppenkomponenten]
	KOMPONENTE DUPLIZIEREN [erstellt ein Muster anhand von Baugruppenvorkommnissen]
	ENTLANG KURVE [erstellt ein Muster entlang einer Kurve]

5.3 Erläuterung der Funktionen unter Anwendung der rechten Maustaste

Die rechte Maustaste ⬚ kann außer den Bildschirmdarstellungsmanipulationsfunktionen (siehe Abschnitt 1.9) noch für folgende Vorgänge verwendet werden:

- EIN- und AUSBLENDEN bestimmter Komponenten kann dazu verwendet werden, die Übersichtlichkeit der Darstellung zu erhöhen. Das Auffinden und Auswählen benötigter Teile wird dadurch beschleunigt.

- KOMPONENTE EIN-/AUSBLENDEN: Hier können im Zusammenbau Komponenten eines Einzelteils ein- oder ausgeblendet werden (z. B. Skizzen und Referenzebenen), die mit anderen Teilen verknüpft werden können.

- AKTIVIEREN und DEAKTIVIEREN werden verwendet, wenn Teile nicht ausgeblendet werden können. Diese werden dann weiterhin angezeigt, belegen aber weniger Arbeitsspeicher und erhöhen somit die Arbeitsgeschwindigkeit des Systems. Deaktivierte Teile werden automatisch aktiviert, wenn sie zur Positionierung eines anderen Teils verwendet werden oder sie durch die Befehle BEARBEITEN bzw. ÖFFNEN in der Part-Umgebung geöffnet werden. Deaktivierte Teile sind farblich vom Rest einer Baugruppe abgesetzt.

oder

Baugruppenformelemente erzeugen Formelemente über die ganze Baugruppe. Die Bedienung erfolgt wie in der PART-Umgebung: Erreichbar in der Assembly-Umgebung über Menüleiste FORMELEMENTE ⇒ Gruppe BAUGRUPPENFORM-ELEMENTE

5.4 Erläuterung der verschiedenen Beziehungstypen

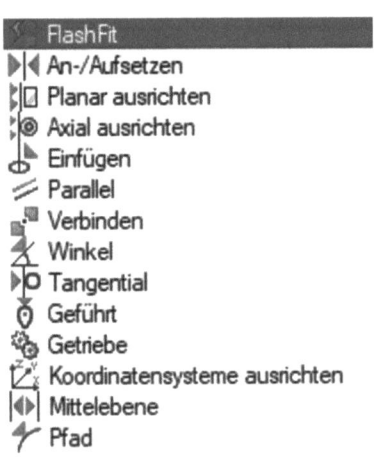

Beim Einfügen einer neuen Komponente erscheint in der Formatierungsleiste nebenstehendes Dropdown-Menü.

FLASHFIT platziert aufgrund des ausgewählten Elementtyps eine An-/ Aufsetzbeziehung, planare Ausrichtungsbeziehung, axiale Ausrichtungsbeziehung oder Verbindungsbeziehung.

AN-/AUFSETZEN definiert zwei Flächen als parallel zueinander. Es ist möglich, einen Abstand (Offset) anzugeben.

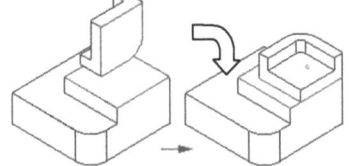

PLANAR AUSRICHTEN richtet planare Flächen gegeneinander aus.

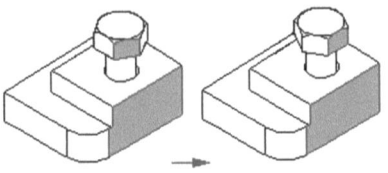

 AXIAL AUSRICHTEN richtet Zylinderflächen gegeneinander aus.

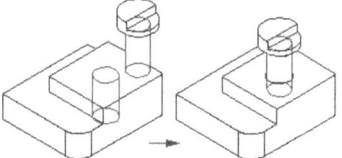

EINFÜGEN wird zum Platzieren von achsensymmetrischen Teilen verwendet. Der Befehl EINFÜGEN kombiniert eine An-/Aufsetzbeziehung und eine axiale Ausrichtungsbeziehung. Ein Drehwinkel kann dabei nicht bestimmt werden!

PARALLEL identifiziert das Teil, das in der Baugruppe an- oder aufgesetzt werden soll. Dieser Befehl ist nur dann aktiv, wenn einem bereits in der Baugruppe vorhandenen Teil eine Beziehung hinzugefügt oder eine Unterbaugruppe platziert wurde. Beim Platzieren von neuen Teilen in die Baugruppe ist dieser Befehl abgeblendet.

VERBINDEN positioniert einen Eigenpunkt eines Teils auf einen Eigenpunkt, eine Linie oder Teilfläche eines anderen Teils.

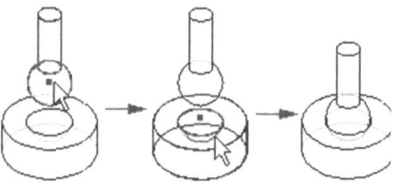

WINKEL definiert eine Winkelbeziehung zwischen zwei Bauteilen. Der Winkelwert der Beziehung kann geändert werden, um das Teil in der Baugruppe zu drehen.

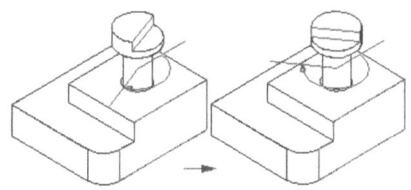

TANGENTIAL legt zwei Elemente als tangential zueinander fest. Der Befehl ist auf zwei Bögen oder einen Bogen und eine Linie anwendbar.

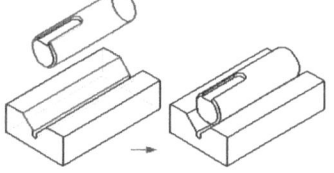

GEFÜHRT weist eine Führungs-
beziehung zwischen einer ge-
schlossenen Schleife von tangentialen Teilflächen eines Teils (A)
und einer einzelnen nachfolgenden Teilfläche eines anderen
Teils (B) aus. Bei der nachfolgenden Teilfläche kann es sich um
eine Ebene, einen Zylinder, eine
Kugel oder einen Punkt handeln.

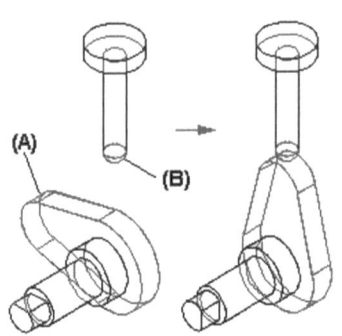

Vgl. Nockenwelle

GETRIEBE weist eine Getriebe-
beziehung zwischen zwei Teilen
in einer Baugruppe zu. Mit Ge-
triebebeziehungen kann festgelegt werden, wie sich ein Teil relativ zu einem anderen Teil bewegt.

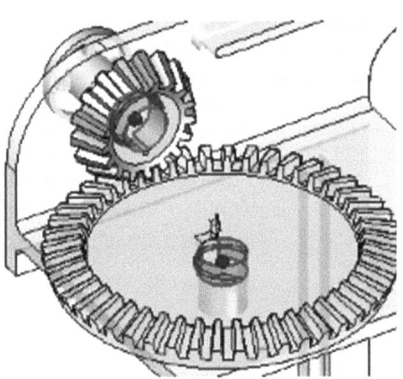

KOORDINATENSYSTEME AUSRICHTEN positioniert ein Teil in einer
Baugruppe, indem die x-, y- und z-Achsen eines Koordinatensystems des zu
platzierenden Teils mit den x-, y- und z-Achsen eines Koordinatensystems
eines Teils ausgerichtet werden, das bereits in der Baugruppe vorhanden ist.

MITTELEBENE weist eine Mittelebenenbeziehung zwischen zwei Mit-
telpunkten aus zwei Einzelteilen zu ⇒ weiteres siehe Solid Edge-Hilfe.

PFAD weist zwischen zwei Teilen in einer Baugruppe eine Pfadbeziehung
zu. Mit Pfadbeziehungen kann festgelegt werden, wie sich ein Teil relativ
zu einem anderen Teil entlang einem Pfad bewegt ⇒ weiteres siehe Solid
Edge-Hilfe.

5.5 Erläuterung der Symbole im Assembly PathFinder

Aktives Teil

Deaktiviertes Teil

Entladenes Teil

Fixiertes Teil

Nicht vollständig positioniertes Teil

Teil mit inkompatiblen Beziehungen

Verknüpftes Teil

Vereinfachtes Teil

Fehlende Komponente

Alternatives Komponententeil

Die Teilposition ist von einer 2D-Beziehung in einer Baugruppenskizze abhängig.

Eingeblendete Baugruppe

Anpassbares Teil

Anpassbare Baugruppe

Abhängige Referenz

Komplettverschraubung

Mustergruppe

Musterelement

Referenzebenen

Bezugsebene

Skizze

Nicht kombinierbare Skizze (nur Synchronous)

Kombinierbare Skizze (nur Synchronous)

Aktive Skizze (nur Synchronous)

Gruppen von Teilen und Unterbaugruppen

Motor (sinnvoll für spätere kinematische Untersuchungen)

Verfügbar

In Arbeit

Wird geprüft

Freigegeben

Festgeschrieben

Ungültig

Schweißkonstruktion

Eingeschränktes Update oder eingeschränktes Speichern ist aktiviert.

5.6 Zusammenbau des Drosselventils

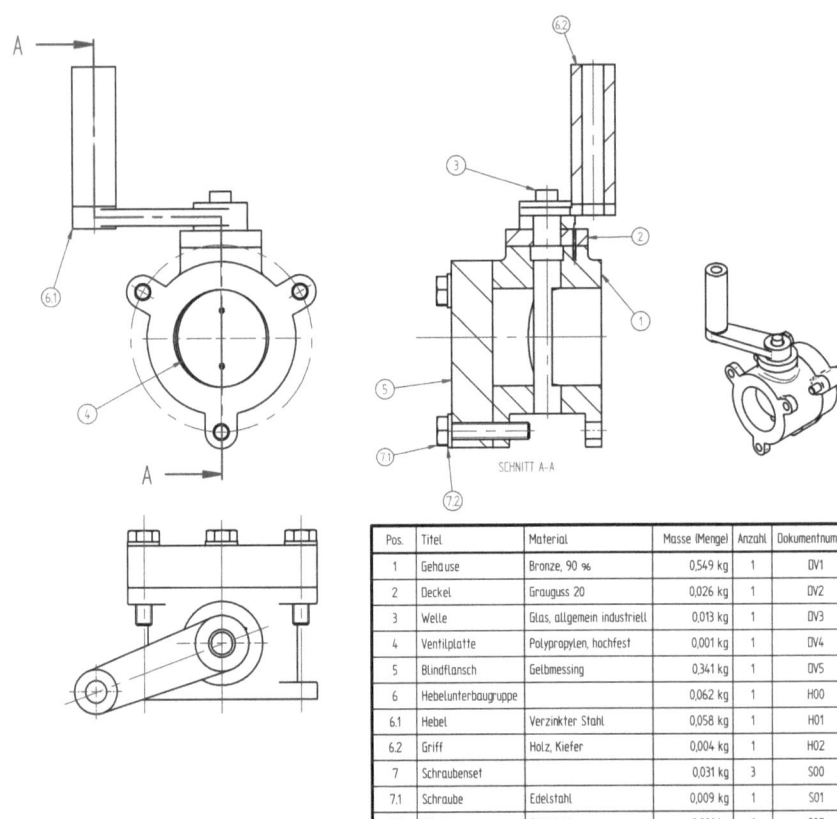

Pos.	Titel	Material	Masse (Menge)	Anzahl	Dokumentnummer
1	Gehäuse	Bronze, 90 %	0,549 kg	1	DV1
2	Deckel	Grauguss 20	0,026 kg	1	DV2
3	Welle	Glas, allgemein industriell	0,013 kg	1	DV3
4	Ventilplatte	Polypropylen, hochfest	0,001 kg	1	DV4
5	Blindflansch	Gelbmessing	0,341 kg	1	DV5
6	Hebelunterbaugruppe		0,062 kg	1	H00
6.1	Hebel	Verzinkter Stahl	0,058 kg	1	H01
6.2	Griff	Holz, Kiefer	0,004 kg	1	H02
7	Schraubenset		0,031 kg	3	S00
7.1	Schraube	Edelstahl	0,009 kg	1	S01
7.2	Scheibe	Edelstahl	0,001 kg	1	S02

Datei neu erstellen:

1. Menüleiste DATEI ⇒ NEU

2. <DIN Metrische Baugruppe> auswählen ⇒ OK

3. Unter <Drosselventil.asm> speichern

4. Koordinatensystem (Base) ausblenden

5. Hintergrund auf <blau/weiß> einstellen mit Menüleiste ANSICHT ⇒ Gruppe FORMATVORLAGE ⇒ Button ANSICHTSÜBERSCHREIBUNGEN ⇒ Reiterkarte HINTERGRUND ⇒ Radio-Button auf VERLAUF einstellen ⇒ FARBE1 = <blau>, FARBE2 = <weiß> ⇒ OK

6. Auf Menüleiste HOME wieder umschalten

Hinweise:

1. Es ist darauf zu achten, dass die Option AUTOMATISCH AKTUALISIEREN in der Menüleiste EXTRAS ⇒ Gruppe AKTUALISIEREN ⇒ AKTIVE EBENE AKTUALISIEREN ⇒ AUTOMATISCH AKTUALISIEREN eingeschaltet ist.

2. Zum einfacheren Verbinden von Komponenten empfiehlt es sich, die Referenzebenen mit rechter Maustaste im PathFinder ausgeblendet zu lassen, um die Auswahlmöglichkeiten der Verbindungselemente einzuschränken.

3. Wenn Komponenten miteinander verknüpft werden sollen, können dazu die lokalen Ebenen der jeweiligen Komponente eingeblendet und als Verbindungselemente in Beziehung gesetzt werden.

5.6.1 Einfügen des Gehäuses

1. Neben dem Arbeitsbereich am rechten Bildschirmrand die

   TEILBIBLIOTHEK anklicken

   Hinweis: Sollte TEILBIBLIOTHEK

    am rechten Bildschirmrand nicht zu sehen sein, dann Menüleiste HOME ⇒ Gruppe BAUGRUPPE ⇒ KOMPONENTE EINFÜGEN

   Komponente einfügen ▾ einstellen

2. Pfad einstellen zu <"Gehaeuse"> in der Drop-Down-Liste

3. <"Gehaeuse"> auswählen ⇒ in den Arbeitsbereich ziehen

4. PathFinder sieht wie folgt aus:

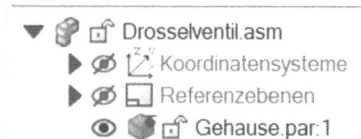

5.6.2 Einfügen der Welle

1. Auf TEILBIBLIOTHEK 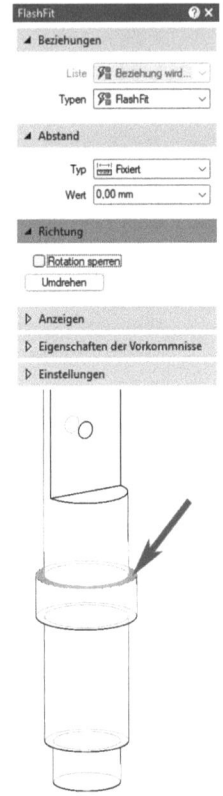 am rechten Bildschirmrand drücken

2. <"Welle"> Doppelklick mit linker Maustaste oder in den Arbeitsbereich hinüberziehen

3. Welle erscheint im Hauptarbeitsfenster, ggf. Button EINPASSEN drücken

4. In der Formatierungsleiste (siehe rechts) wird angezeigt „Beziehung wird erstellt 1"

5. Auf Button BEZIEHUNGSTYPEN FLASHFIT drücken und für Verknüpfung Fläche auf Fläche Befehl AN-/AUFSETZEN einstellen

6. Wellenbund selektieren (Fläche ist zur besseren Erkennbarkeit farblich hervorgehoben)

7. Absatz der Senkbohrung im Gehäuse auswählen ⇒ Welle wird eingefügt

8. Ggf. Button UMDREHEN in der Formatierungsleiste klicken, wenn die Welle in die falsche Richtung zeigt

9. In der Beziehungsliste wird angezeigt „Beziehung wird erstellt 2"

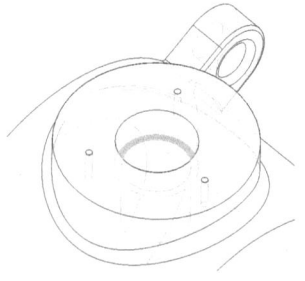

10. Im PathFinder ist zu sehen, dass die Welle noch nicht vollständig festgelegt ist: 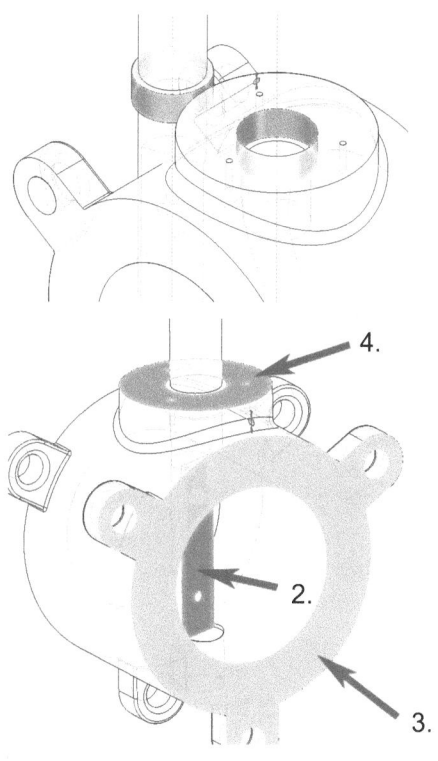. Weitere Beziehungen sind notwendig

11. Button AXIAL AUSRICHTEN einstellen

12. Einer der vier Zylinder der Welle anklicken

13. Bohrung im Gehäuse anwählen

14. In der Beziehungsliste wird angezeigt „Beziehung wird erstellt 3".

Die dritte Beziehung als Winkelbeziehung definieren:

1. Button WINKEL einstellen, ggf. Zusammenbau so drehen, dass die Abflachung der Welle von vorne zu sehen ist

2. Abflachung der Welle auswählen

3. Eine Stirnfläche des Gehäuses auswählen

4. Ebene anklicken, auf der der Winkel platziert werden soll ⇒ hierzu bietet sich die Zylinderfläche des Gehäuses an, auf der später der Deckel platziert werden soll

5. Welle ist vollständig bestimmt.

6. Im PathFinder auf Welle klicken ⇒ darunter werden die vergebenen Beziehungen sichtbar

7. Winkelbeziehung anklicken ⇒ in der Mitte des Arbeitsbereichs kann die Gradzahl auf 20° geändert werden.

Alternativer Weg, wenn Abflachung der Welle parallel zur Stirnfläche des Gehäuses ausgerichtet sein soll:

1. Mantelfläche der Senkbohrung auswählen

2. Teil ist noch nicht vollständig bestimmt.

3. Button PLANAR AUSRICHTEN

4. Abflachung der Welle auswählen

5. eine Stirnfläche des Gehäuses auswählen

6. Welle ist vollständig bestimmt.

Ausblenden des Gehäuses für bessere Übersichtlichkeit:

Auf das Auge vor Gehäuse im PathFinder klicken

5.6.3 Einfügen der Ventilplatte

1. Über TEILBIBLIOTHEK

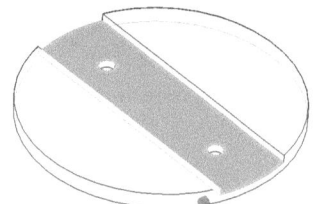

2. <"Ventilplatte"> Doppelklick mit linker Maustaste oder in den Arbeitsbereich herüberziehen

3. AN-/AUFSETZEN

4. Ebene Ausschnittfläche der Platte wählen (siehe Bild)

5. Abflachung der Welle wählen

6. Beide Bohrungen der Platte axial mit denen der Welle positionieren

5.6.4 Einblenden Gehäuse/Ausblenden Ventilplatte und Welle

1. Auf durchgestrichenes Auge vor Gehäuse im PathFinder klicken

2. Jeweils auf Auge vor Ventilplatte und Welle im PathFinder klicken

5.6.5 Einfügen des Deckels

1. TEILBIBLIOTHEK

2. <"Deckel"> Doppelklick mit linker Maustaste oder in den Arbeitsbereich herüberziehen

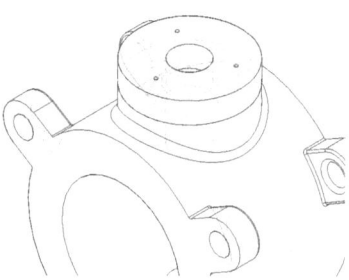

3. Button AN-/AUFSETZEN

4. Offset <0 mm> ist voreingestellt.

5. Eine Stirnfläche des Deckels wählen

6. Stirnfläche des senkrechten Zylinders im Gehäuse selektieren

7. Deckel wird platziert

8. Ggf. Button UMDREHEN in der Formatierungsleiste klicken, wenn der Deckel in die falsche Richtung zeigt

9. Button AXIAL AUSRICHTEN

10. Mantelfläche der zentralen Bohrung im Deckel auswählen

11. Mantelfläche der Stufenbohrung im Gehäuse auswählen

12. Mantelfläche einer Befestigungsbohrung im Deckel auswählen

13. Mantelfläche einer Befestigungsbohrung im Gehäuse auswählen

5.6.6 Einblenden aller Teile und speichern

1. Häkchen vor Ventilplatte und Welle setzen

2. Vervollständigen der Dateieigenschaften (Titel <"Drosselventil"> und Dokumentnummer <"DV">)

3. SPEICHERN und SCHLIEßEN des Zusammenbaus <Drosselventil.asm>

5.7 Erstellen und Einfügen der Hebelunterbaugruppe

Wenn die Konstruktionsabsicht besteht, die betreffenden Konturen des Hebels im Zusammenbau für ein Verlängerungsstück, den sog. Hebelaufsatz für den Griff, abzuleiten bzw. vor Ort zu erstellen und später soll sich der Griff mit dem Hebel in einem Motor (in Abschnitt 5.11 ist das die Welle) mit drehen, ist es in Solid Edge notwendig, eine eigene Unterbaugruppe mit (vor Ort abgeleiteten) Einzelteilen zu erstellen. Würde diese Vorgehensweise nicht gewählt werden, wäre zwar das z. B. vor Ort abgeleitete Einzelteil mit dem betreffenden Einzelteil verknüpft, würde aber während des Drehens des Motors im Raum stehen bleiben, während sich das Einzelteil mit dem als Motor ausgewählten Teil mit dreht.

5.7.1 Einfügen des Hebels

1. Menüleiste DATEI ⇒ NEU

2. <DIN Metrische Baugruppe> auswählen ⇒ OK

3. Unter <Hebelunterbaugruppe.asm> speichern

4. Koordinatensystem (Base) ausblenden

   Hinweis:
    Koordinatensysteme und Referenzebenen von Unterbaugruppen und Einzelteilen sollten am besten immer ausgeblendet sein, so dass Koordinatensysteme und Referenzebenen später in anderen Baugruppen nicht mühsam ausgeblendet werden müssen.

5. TEILBIBLIOTHEK anklicken

6. <"Hebel"> Doppelklick mit linker Maustaste oder in den Arbeitsbereich herüberziehen

7. Vervollständigen der Dateieigenschaften (Titel <"Hebelunterbaugruppe"> und Dokumentnummer <"H00">)

8. Speichern der Hebelunterbaugruppe

5.7.2 Modellieren des Hebelaufsatzes (Teil vor Ort erstellen)

Teil vor Ort
erstellen ▾

1. Button TEIL VOR ORT ERSTELLEN

2. In Formatierungsleiste Vorlage für Einzel- oder Blechteil einstellen (bereits für ein Einzelteil voreingestellt)

3. Button AKZEPTIEREN ⇒ Dialog OPTIONEN zum ERSTELLEN VON TEILEN VOR ORT erscheint:

- in Speichern unter auf Optionsfeld AKTIVER BAUGRUPPENABLAGE einstellen

- Optionsfeld ABSTAND ZUM BAUGRUPPENURSPRUNG unter URSPRUNG PLATZIEREN anklicken

- Unter VOR ORT ERSTELLEN Optionsfeld KOMPONENTE ERSTELLEN UND VOR ORT BEARBEITEN einstellen

- Häkchen setzen bei KOMPONENTE FIXIEREN

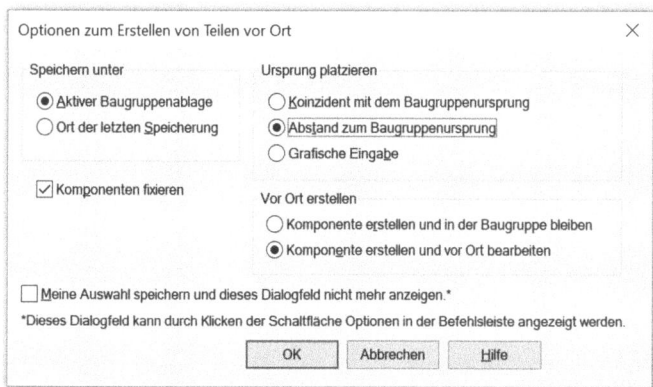

4. OK ⇒ Mittelpunkt des kleinen Auges des Hebels anwählen

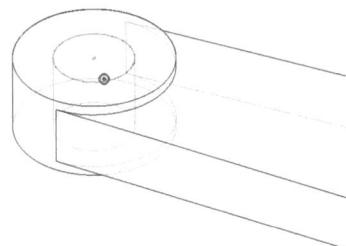

5. Button AKZEPTIEREN

6. Dateiname: <Griff.par> ⇒ OK

7. Part-Fenster öffnet sich.

8. Im PathFinder unter <Griff.par> Base ausblenden und Basisreferenzebenen ausblenden:

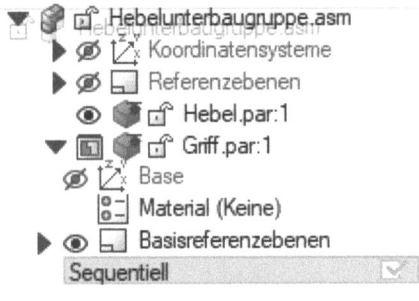

9. Button SKIZZE

10. Referenzebene an der Hebelstirn-
    seite auswählen

11. Menüleiste HOME ⇒ Gruppe
    ZEICHNEN ⇒ Button AUF

    SKIZZE PROJIZIEREN

12. Fenster Optionen zum Projizieren
    auf Skizze öffnet sich ⇒ bei
    INNERE
    TEILFLÄCHENSCHLEIFEN
    PROJIZIEREN Häkchen setzen,
    damit der Hebelaufsatz die

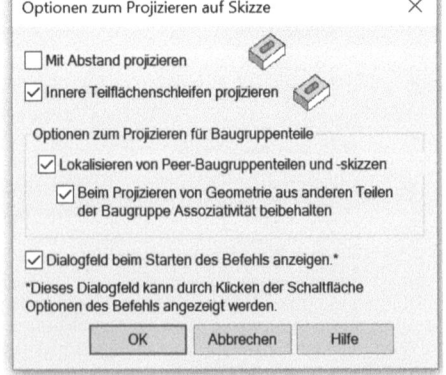

Bohrung des Hebels mit übernehmen kann ⇒ OK

13. Einfaches Drahtmodell eingestellt lassen

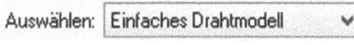

14. Außen- und Bohrkante des kleinen Zylinders vom Hebel auswählen

15. SKIZZE SCHLIEßEN

16. FERTIGSTELLEN ⇒
ABBRECHEN

17. Button EXTRUSION

18. Auswahlfenster AUS SKIZZE
WÄHLEN klicken

19. Beide Kreise auswählen ⇒ mit
Haken 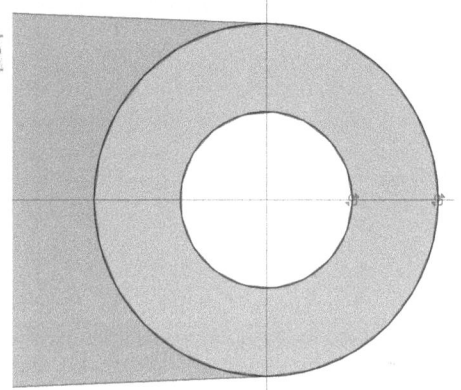 bestätigen

20. Abstand <50 mm> ⇒ RETURN
⇒ Richtung festlegen mit linker
Maustaste

21. FERTIGSTELLEN ⇒
ABBRECHEN

22. Skizze und Referenzebenen ausblenden

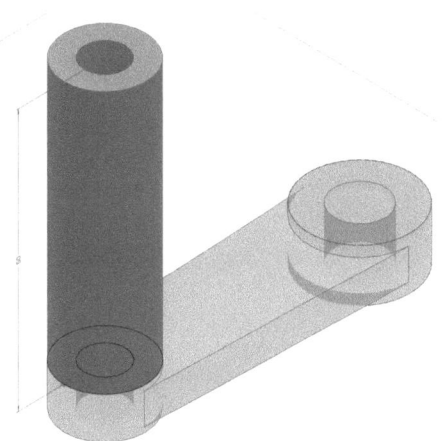

23. Zuweisen fehlender Modelleigenschaften:

Vervollständigen der Dateieigenschaften (Titel <"Griff"> und Dokumentnummer <"H02">)

Materialzuweisung: NICHTMETALLE ⇒ HOLZ ⇒ HOLZ, KIEFER

Umstellen der Einheiten in Menüleiste DATEI ⇒ EINSTELLUNGEN ⇒
OPTIONEN ⇒ EINHEITEN ⇒ kg auf g umstellen ⇒ OK

24. In der Menüleiste Button SCHLIEßEN UND ZURÜCK  zur Bau-

gruppe oder links oben im Arbeitsbereich ⊠ drücken

> ▼ 🗗 Hebelunterbaugruppe.asm
>> ▶ 🔷 Koordinatensysteme
>> ▶ 🔷 Referenzebenen
>> ⊙ 🗗 Hebel.par:1
>> ⊙ 🗗 Griff.par:1

25. Aktualisieren des Gewichts der Unterbaugruppe für korrekte Angabe in der Stückliste später bei der Zeichnungserstellung (**Hinweis:** Des Weiteren erspart man sich dicke graue Rahmen um die Zeichnungsansichten bei der Zeichnungserstellung der Gesamtzusammenbauzeichnung) in Menüleiste DATEN-MANAGEMENT ⇒ EIGENSCHAFTEN ⇒ AKTUALISIEREN ⇒ SCHLIEßEN

26. Speichern und Schließen der Hebelunterbaugruppe

5.7.3 Einfügen der Hebelunterbaugruppe in das Drosselventil

1. Menüleiste DATEI ⇒ ÖFFNEN ⇒ DURCHSUCHEN

2. <Drosselventil.asm> auswählen ⇒ OK

3. TEILBIBLIOTHEK 📦 anklicken (sofern nicht schon offen)

4. <"Hebelunterbaugruppe"> Doppelklick mit linker Maustaste oder in den Arbeitsbereich herüberziehen

5. Button AXIAL AUSRICHTEN ⊮⊙

6. Mantelfläche der größeren Bohrung im Hebel wählen

7. Eine Mantelfläche der Welle selektieren

8. Button AN-/AUFSETZEN ▶◀

9. Passende Stirnfläche des größeren Hebelauges selektieren

10. Obere Stirnfläche des Deckels selektieren

11. Ggf. Button UMDREHEN, falls Hebelunterbaugruppe in falsche Richtung zeigt

12. Button AUSWÄHLEN , um keine weitere Zusammenbaubeziehung zu vergeben

13. Ausblenden von Ventilplatte, Deckel und Gehäuse

14. Einblenden der Referenzebenen der Welle durch Anklicken der Welle im PathFinder mit rechter Maustaste $\Rightarrow$ KOMPONENTE EIN-/ AUSBLENDEN $\Rightarrow$ bei REFERENZEBENEN Haken setzen auf <Ein> $\Rightarrow$ OK

15. Hebelunterbaugruppe im PathFinder aufklappen und zum Einblenden der Referenzebenen des Hebels das gleiche durchführen wie im vorigen Schritt

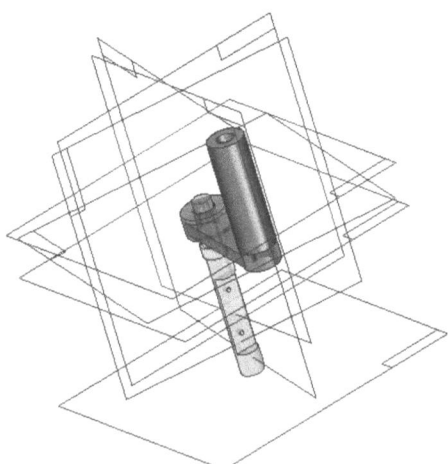

16. Im PathFinder Hebelunterbaugruppe anklicken ⇒ Button DEFINITION BEARBEITEN in folgender Leiste anklicken:

17. Button PLANAR AUSRICHTEN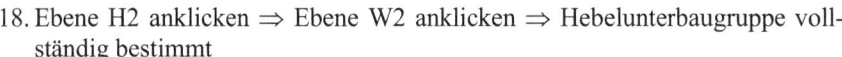

18. Ebene H2 anklicken ⇒ Ebene W2 anklicken ⇒ Hebelunterbaugruppe vollständig bestimmt

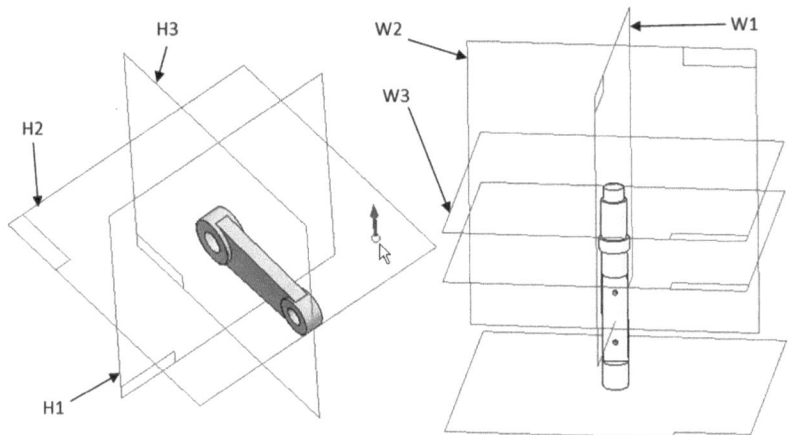

19. Wenn die Hebelunterbaugruppe in die entgegengesetzte Richtung zeigen soll, entweder Button UMDREHEN in der Formatierungsleiste drücken oder im PathFinder nach Drücken des Buttons AUSWÄHLEN Hebelunterbaugruppe anklicken, so dass die Beziehungen sichtbar werden ⇒ die dritte Beziehung anklicken und mit rechter Maustaste UMDREHEN auswählen

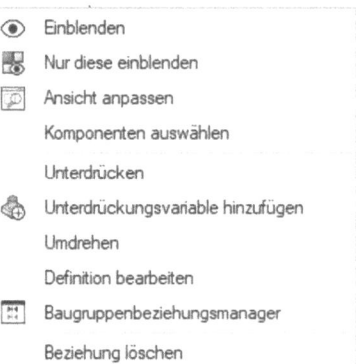

Hinweis: Bei jeder Komponente kann auf einen Beziehungstyp mit Rechtsklick entweder Beziehung gelöscht, unterdrückt bzw. freigegeben oder umgedreht werden. Auch entsprechende Offset- oder Winkelwerte können auf Klicken des Beziehungstyps nachträglich vergeben werden.

20. Referenzebenen der Welle über KOMPONENTE EIN-/AUSBLENDEN und des Hebels ausblenden

21. Einblenden der übrigen Teile

22. Speichern des bisher erzielten Ergebnisses

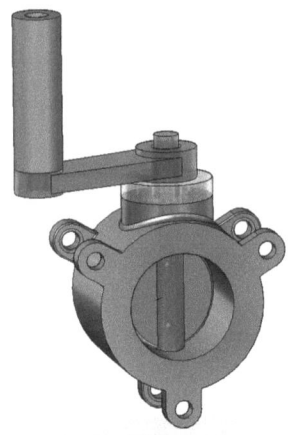

5.8 Modellieren eines Blindflansches

5.8.1 Extrudieren aus Gehäuseumriss

1. Zur besseren Übersicht alle Teile, bis auf das Gehäuse selbst, ausblenden

Teil vor Ort
erstellen ▾

2. Button TEIL VOR ORT ERSTELLEN

3. Optionen so einstellen wie in Abschnitt 5.7.2

4. KOMPONENTE ERSTELLEN UND VOR ORT BEARBEITEN einstellen (Häkchen setzen bei KOMPONENTE FIXIEREN sollte noch vorhanden sein) ⇒ OK

5. Mittelpunkt der großen Bohrung im Gehäuse auswählen (Indem mit dem Cursor über die Kante der Bohrung gefahren wird, kann der Mittelpunkt angewählt werden.) ⇒ Button AKZEPTIEREN

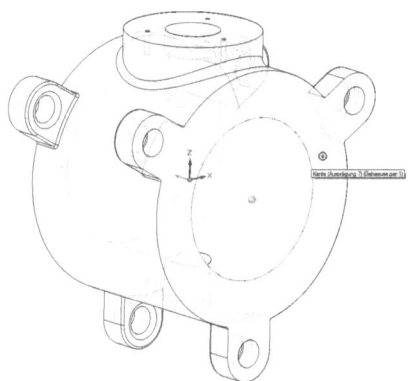

6. Speichern unter <blindflansch.par>

7. Part-Fenster öffnet sich.

8. Im PathFinder unter <blindflansch.par> Base ausblenden, Basisreferenzebenen einblenden

Skizze

9. Button SKIZZE ⁃

10. Referenzebene an der Gehäusestirnseite auswählen

11. Menüleiste HOME ⇒ Gruppe ZEICHNEN ⇒ Button AUF SKIZZE PROJIZIEREN

12. Fenster Optionen zum Projizieren auf Skizze öffnet sich ⇒ OK

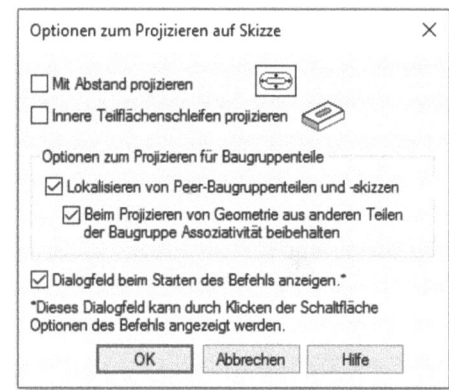

13. Einfache Teilfläche

auswählen

14. Umriss der Gehäusestirnseite auswählen ⇒ mit Haken [✓] bestätigen

15. SKIZZE SCHLIEßEN

16. FERTIGSTELLEN ⇒
    ABBRECHEN

17. Button EXTRUSION Extrusion

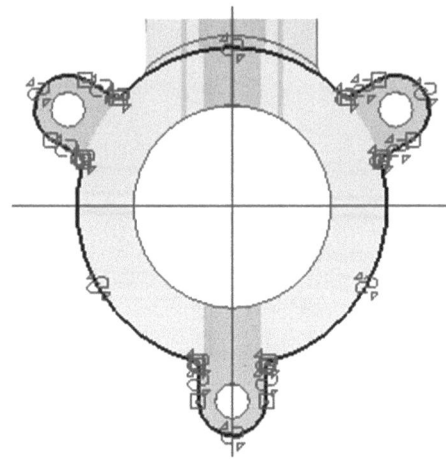

18. Auswahlfenster AUS SKIZZE WÄHLEN klicken

19. Erzeugte Skizze auswählen ⇒ mit Haken ☑ bestätigen

20. Abstand <15 mm> ⇒ RETURN ⇒ Richtung mit linker Maustaste festlegen

21. FERTIGSTELLEN ⇒ ABBRECHEN

5.8.2 Einfügen der Bohrungen in den Blindflansch

Bohrung
1. Button BOHRUNG ▾
2. Stirnseite des Blindflansches mit linker Maustaste ⬚ auswählen

3. Drei Bohrungen mit Durchmesser <6 mm> mit
   Button KONZENTRISCH ◎ zu den Rundungen platzieren ⇒ SKIZZE SCHLIEßEN

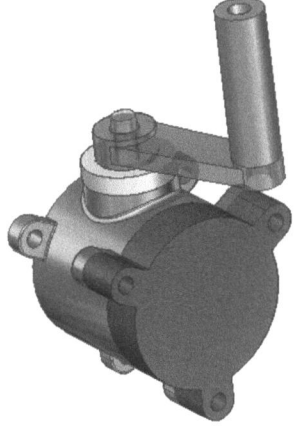

4. Richtung festlegen ⇒ FERTIGSTELLEN ⇒ ABBRECHEN

5. Skizze und Referenzebenen ausblenden

6. Zuweisen fehlender Modelleigenschaften:

   Vervollständigen der Dateieigenschaften (Titel <"Blindflansch"> und Dokumentnummer <"DV5">)

   Materialzuweisung: METALLE ⇒ METALLE/KUPFERLEGIERUNGEN ⇒ GELBMESSING

7. Button SCHLIEßEN UND ZURÜCK

8. Alle anderen Komponenten einblenden

9. Speichern des Ergebnisses

5.9 Erstellen und Einfügen der Schraubenunterbaugruppe

5.9.1 Zusammenbau der Schraubenunterbaugruppe

1. Neue Assembly-Datei öffnen und unter <Schraubenset.asm> speichern

2. TEILBIBLIOTHEK die Einzelteile in den Arbeitsbereich ziehen

3. Verknüpfungsbedingungen AN-/AUFSETZEN und AXIAL AUSRICH-TEN erstellen (wie im vorangegangenen Abschnitt beschrieben)

4. Button AUSWÄHLEN klicken

5. Im PathFinder Scheibe anklicken ⇒ Beziehung <"Rotation freigegeben"> anklicken und in der Mitte des Arbeitsbereichs unten Rotation sperren:

 Umdrehen ⇒ Umdrehen

Hinweis: In der Formatierungsleiste dort diesen Button zu drücken, funktioniert nicht. Daher muss dieser etwas umständliche Weg gegangen werden.

6. Vervollständigen der Dateieigenschaften (Titel <"Schraubenset"> und Dokumentnummer <"S00">)

7. Aktualisieren des Gewichts der Unterbaugruppe für korrekte Angabe in der Stückliste später bei der Zeichnungserstellung in Menüleiste DATEN-MANAGEMENT ⇒ EIGENSCHAFTEN ⇒ AKTUALISIEREN ⇒ SCHLIEßEN

8. Speichern und Schließen der Unterbaugruppe

5.9.2 Platzieren der Unterbaugruppe im Drosselventil

1. <Drosselventil.asm> öffnen

2. TEILBIBLIOTHEK

3. <Schraubenset.asm> Doppelklick

4. Button AN-/AUFSETZEN ▶◀

5. Unterseite der Scheibe selektieren

6. Stirnseite des Blindflansches anwählen

7. Button AXIAL AUSRICHTEN ▶◉

8. Schaft der Schraube selektieren

9. Bohrung im Blindflansch anwählen

10. Button AUSWÄHLEN klicken

11. Um die Schraube endgültig zu fixieren, wird nach erneutem Klicken auf die Unterbaugruppe im PathFinder die Beziehung AXIAL AUSRICHTEN ausgewählt und die Rotation analog wie die Scheibe in der Schraubenunterbaugruppe gesperrt.

5.9.3 Einfügen von weiteren Schrauben als Muster

1. Menüleiste HOME ⇒ Gruppe MUSTER ⇒ Button MUSTER ⚏

2. Im PathFinder die eingefügte Unterbaugruppe auswählen

3. Mit Haken bestätigen

4. Blindflansch auswählen

5. Bohrungsmuster im Blindflansch auswählen (alle drei werden grün markiert)

6. Bohrung mit der ersten Schraube anwählen
   (Referenzpunkt)

7. FERTIGSTELLEN

8. Die möglicherweise ausgeblendeten Einzelteile des Drosselventils wieder einblenden

9. Aktualisieren des Gewichts der Baugruppe
   für spätere Zeichnungserstellung in Menüleiste PRÜFEN

10. Speichern der Baugruppe

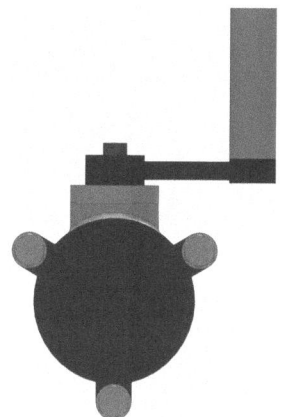

5.10 Kollisionsanalyse

1. Welle im PathFinder anklicken

2. Winkelbeziehung im unteren Teil des PathFinders anklicken und 183° eingeben ⇒ OK

3. Menüleiste PRÜFEN ⇒ Gruppe BEWERTEN ⇒ KOLLISIONSANALYSE

Kollisionsanalyse

4. Button OPTIONEN (in der Formatierungsleiste)

   – 1. Auswahlsatz überprüfen anhand ⇒ auf ALLEN ANDEREN TEILEN
     einstellen

   – Ausgabeoptionen ⇒ AUSZUG ERSTELLEN deaktivieren und
     KOLLIDIERENDE VOLUMEN EINBLENDEN aktivieren ⇒ OK

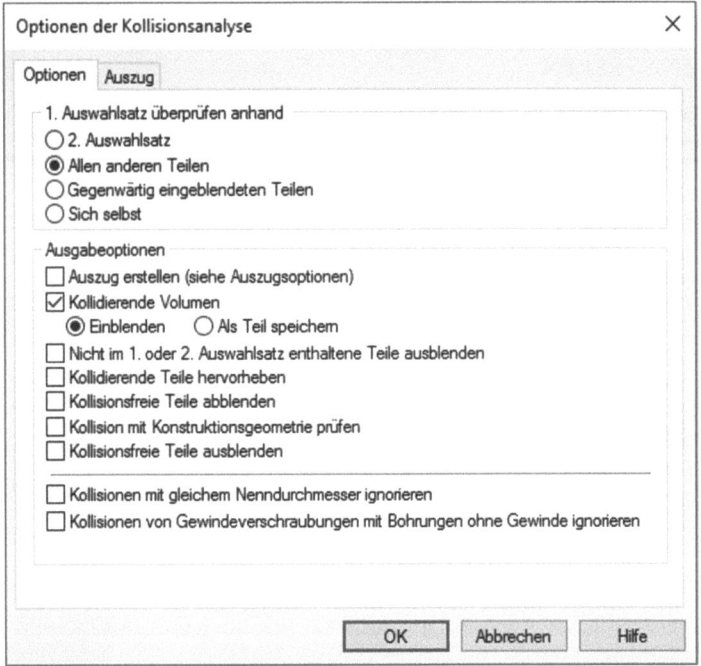

5. Ventilplatte anklicken ⇒ mit Haken bestätigen ⇒ Buton VERARBEITEN
   [Verarbeiten]

6. Kollisionsvolumen wird in dunkelorange angezeigt.

7. Beenden der Kollisionsanalyse mit Menüleiste HOME ⇒ Button
   AUSWÄHLEN

Allgemeine   • Sollte ein Element noch mal nachbearbeitet werden müssen,
Hinweise: genügt ein Doppelklick im PathFinder, um das Einzelteil in
                     der Part-Umgebung zu öffnen.

                   • Möchte man in den Positionierungsdialog zurück, kann man
                     mit DEFINITION BEARBEITEN in der Formatierungsleiste
                     bei angewähltem Bauteil im PathFinder zurückkehren.

5.11 Erstellen eines Motors

1. Welle im PathFinder anklicken

2. Winkelbeziehung im unteren Teil des PathFinders anklicken und mit rechter Maustaste diese Beziehung unterdrücken

3. Menüleiste HOME ⇒ Gruppe MOTOREN ⇒ Button DREHMOTOR anklicken

4. Welle im PathFinder anklicken

5. Drehachse der Welle im Arbeitsbereich auswähle

6. FERTIGSTELLEN

7. Menüleiste HOME ⇒ Gruppe MOTOREN ⇒ Button MOTOR SIMULIEREN

   anklicken

8. Motorgruppeneigenschaften auf z. B. KOLLISIONEN SUCHEN einstellen ⇒ OK

9. Dann PLAY-Taste drücken ⇒ Motor dreht sich

   Hinweis: Das Vergnügen ist hier relativ kurz, da die Ventilplatte in der Innenseite des Gehäuses kollidiert. ⇒ Daher Animation vorerst beenden.

10. Mit Menüleiste HOME ⇒ Button AUSWÄHLEN wird Animation beendet

11. Im PathFinder auf die Ventilplatte doppelklicken, die Außenkanten jeweils mit <1 mm> verrunden, Ventilplatte speichern und zurückkehren zur Baugruppe.

12. Menüleiste HOME ⇒ Gruppe MOTOREN ⇒ Button MOTOR SIMULIEREN

 erneut anklicken

13. Dann PLAY-Taste drücken ⇒ Motor dreht sich

14. Mit Menüleiste HOME ⇒ Button AUSWÄHLEN wird Animation beendet

15. Alles speichern und schließen

5.12 Kontrollfragen

1. Was unterscheidet eine Baugruppe von einer Komponente?

2. Kann eine Baugruppe als Komponente definiert werden?

3. Wie arbeitet man nach dem Bottom-Up-Schema?

4. Wie bezeichnet man das Schema, nach dem der Blindflansch erstellt wird?

5. Wie viele Freiheitsgrade hat ein freier Körper im Raum?

6. Wie viele Freiheitsgrade hat eine vollständig eingebaute Komponente?

7. Welche Möglichkeiten hat man, um eine Sechskantschraube in einem Bohrloch zu positionieren?

8. Wie kann die Welle vollständig bestimmt werden, wenn sie keine planare Aussparung hätte?

6 Zeichnungserstellung (Drafting)

In diesem Kapitel werden die grundlegenden Kenntnisse zur Ableitung von Zeichnungen von existierenden Modellen erläutert. Den Anfang bildet die Erläuterung der spezifischen Symbolleisten, Buttons und Menüpunkte. Anschließend erfolgt die Erstellung einer Zeichnung als Ableitung eines bereits in Kapitel 4 generierten Modells. Anhand dieses Beispiels werden die einzelnen Aspekte Hauptansicht, abgeleitete Ansichten, Schnittansichten und Einzelheiten erläutert. Darauf folgend wird das Hinzufügen und Bearbeiten von Bemaßungen, Mittellinien und Texten erklärt. In den beiden letzten Abschnitten wird erst das Editieren von Formatvorlagen und anschließend das Plotten von Zeichnungen erläutert.

Die DRAFT-Umgebung von Solid Edge ermöglicht das maßstabsgerechte Erstellen, Drucken und Plotten DIN-gerechter Zeichnungen.

6.1 Voreinstellungen im DRAFTING-Modus

- Eine Zeichnungsdatei kann mehrere Blätter enthalten.

- Hinzufügen von Blättern mittels Rechtsklick auf die Reiterkarte BLATT1 ⇒ EINFÜGEN

- Löschen von Blättern mittels Rechtsklick auf die Reiterkarte des zu löschenden Blattes ⇒ LÖSCHEN

- Die Auswahl des Vorlageblattes erfolgt über ANSICHT ⇒ HINTERGRUND. In dieser Ansicht können die Zeichenblätter auch editiert werden (Rahmen, Schriftfeld usw.).

- Wechseln zum Arbeitsbereich mit ANSICHT ⇒ ARBEITSBLÄTTER ⇒ Auswahl einer Registerkarte

- Definition und Ansteuerung von Layern erfolgt über den PathFinder.

- Menüleiste SKIZZIEREN öffnet die Symbolleiste mit Buttons zum Erzeugen und Editieren von Kurven (Linienstärke, Farben usw.).
- Menüleiste DATEI ⇒ EINSTELLUNGEN ⇒ OPTIONEN ⇒ ZEICHNUNGSVORGABEN bietet neben den allgemeinen Einstellungen die Möglichkeit, zwischen Projektionsmethode "Erster" und "Dritter", verschiedenen Gewindedarstellungen und Stücklistenoptionen umzuschalten.

Hinweis: Im folgenden Bild auf die DIN-gerechten Einstellungen achten: PROJEKTIONSWINKEL auf Radio-Button <ERSTER>, (NORM)TEIL IN SCHNITTANSICHT SCHNEIDEN auf <UNGESCHNITTEN> und RIPPEN IN SCHNITTANSICHTEN SCHRAFFIEREN auf <KEINE SCHRAFFUR> einstellen

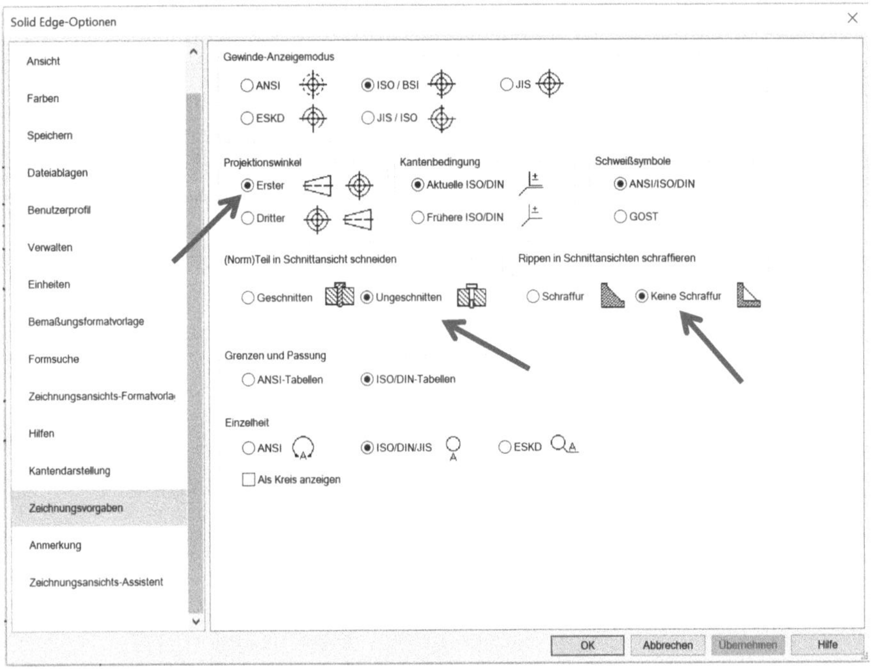

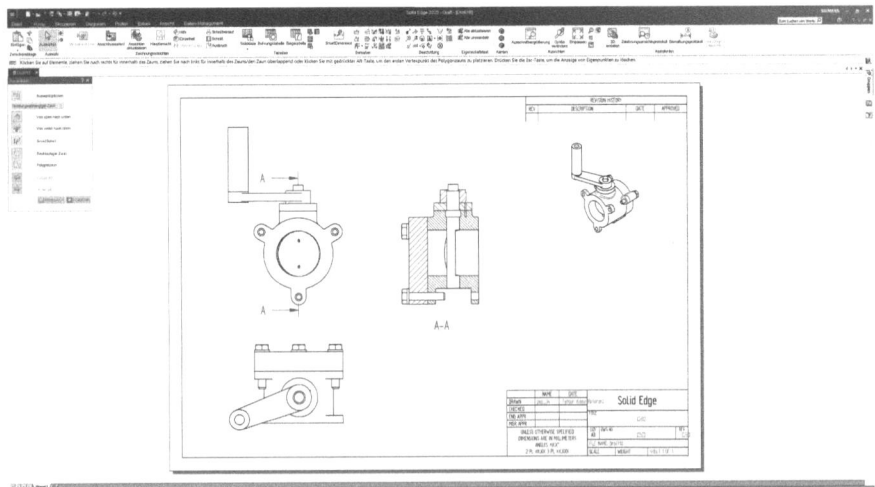

Die Bildschirmaufteilung entspricht der anderer Umgebungen. Die Arbeitsblätter können durch Anklicken der Reiterkarten an der linken unteren Ecke gewechselt werden.

6.2 Erklärung wichtiger Buttons der Symbolleisten

(soweit noch nicht weiter oben erläutert)

Ansichtsassistent	ANSICHTSASSISTENT [erstellt eine oder mehrere Ansichten eines Modells]
Ansichten aktualisieren	ANSICHTEN AKTUALISIEREN [aktualisiert sämtliche Ansichten einer Zeichnungsdatei]
Hauptansicht	HAUPT (-ansicht) [leitet orthogonale Ansichten von einer Hauptansicht ab]
Hilfs	HILFS (-ansicht) [leitet beliebige Ansichten von einer Hauptansicht ab]
Einzelheit	EINZELHEIT [erzeugt eine Detailansicht]
Schnittverlauf	SCHNITTVERLAUF [legt den Verlauf einer Schnittlinie fest]
Schnitt	SCHNITT [erzeugt Schnittansichten gemäß Schnittverlauf]
Ausbruch	AUSBRUCH [erzeugt einen Ausbruch]
Stückliste	STÜCKLISTE [erzeugt eine Stückliste]
Bohrungstabelle	BOHRUNGSTABELLE [ruft Informationen aus einem markierten Bohrungssatz ab und zeigt sie an]
Biegetabelle	BIEGETABELLE [erstellt eine Biegetabelle auf einem Zeichenblatt]

	TEILEFAMILIENTABELLE [aktualisiert die ausgewählte Teilefamilientabelle in der Zeichnung] TABELLE [erstellt eine Tabelle für benutzerdefinierte Eintragungen] BLOCKTABELLE [erstellt eine Tabelle für ausgewählte Blöcke auf dem Zeichnungsblatt] TOLERANZTABELLE [generiert eine Tabelle mit allen Werten und Toleranzen für Passungsbemaßungen]
SmartDimension	SMARTDIMENSION [bemaßt ein einzelnes Element oder den Abstand oder Winkel zwischen zwei Elementen]
	Bemaßungsarten [erzeugt verschiedene Bemaßungen; Bedienung erfolgt wie in PART]
	BEMAßUNGEN ABRUFEN [importiert Bemaßungen des ursprünglichen Modells in die Zeichnung]
	AUTOMATISCHE MITTELLINIEN [erstellt automatische Mittellinien und Mittelmarkierungen in ausgewählten Zeichnungsansichten]
	MITTELLINIE [erzeugt Mittellinien]
	MITTELMARKIERUNG [erzeugt eine Mittelmarkierung (Achsenkreuz)]
	TEILKREIS [erzeugt einen Teilkreis bei kreisförmigen Mustern]
	LEGENDE [erstellt eine Legendenanmerkung; ermöglicht das Eingeben längerer Texte]
	TEXTBLASE [erzeugt Beschriftung in einer Textblase]
	VERBINDER [erstellt einen Verbinder zwischen zwei Elementen]
	BEZUGSLINIE [erzeugt Bezugslinienbemaßung]
	OBERFLÄCHENBESCHAFFENHEIT [fügt Oberflächensymbole ein]
	SCHWEIßSYMBOL [fügt Schweißnahtsymbole ein]
	KANTENBEDINGUNG [platziert ein Kantensymbol an ein Element in einer Zeichnung]

�	FORM- und LAGETOLERANZRAHMEN [fügt einen Rahmen für Form- und Lagetoleranzen ein]
▲⊤	TOLERANZRAHMEN [fügt einen Rahmen für Toleranzbezüge ein]
⊕	BEZUGSZIEL [fügt Bezugsziel für Toleranz ein]
[A]	TEXT [fügt ein Textfeld ein]

6.3 Einrichten des Zeichenblattes

- Blatteinstellung erfolgt über Menüleiste DATEI ⇒ EINSTELLUNG ⇒ BLATT EINRICHTEN ⇒ Reiterkarte HINTERGRUND

- Blatthintergrund steuert das Vordergrundblatt. Auf dem Blatthintergrund liegt das Schriftfeld und der Zeichnungsrahmen, auf dem Vordergrundblatt die Ansichten und Bemaßungen.

- Einstellung des Blattformats

- Reiterkarte NAME: Angabe des Blattnamens

6.4 Erstellen der Zeichnung

1. Neue Draft-Datei öffnen (**<din metric draft.dft>**)

2. Blattgröße und Hintergrund auf „A3 quer" einstellen

3. Unter Menüleiste ANSICHT ⇒ Gruppe BLATTANSICHTEN ⇒ ARBEIT aktivieren

6.4.1 Einfügen einer Modellansicht

1. Button ANSICHTSASSISTENT Ansichtsassistent

2. <Deckel.par> auswählen

3. Button ÖFFNEN

4. In der Formatierungsleiste mit Buttton ANSICHTSAUSRICHTUNG 🔲 können verschiedene Standartansichten ausgewählt werden.

   Wählen Sie die Ansicht so, wie hier dargestellt:

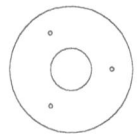

Alternativ: in der Formatierungsleiste ⇒ Button LAYOUT DER ZEICH-

NUNGSERSTELLUNG ⇒ Button BENUTZERDEFINIERT können beliebige Ansichtigen generiert werden

Hinweis: 90 °-Drehungen um die senkrechte Achse können mit Allge-

meine Ansichten 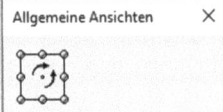 generiert werden.

Allgemeine Ansichten Dialog:

5. Schließen ⇒ OK

6. Auf Zeichenblatt mit linker Maustaste
   platzieren

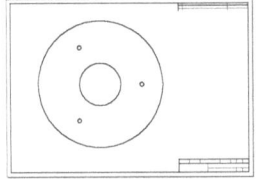

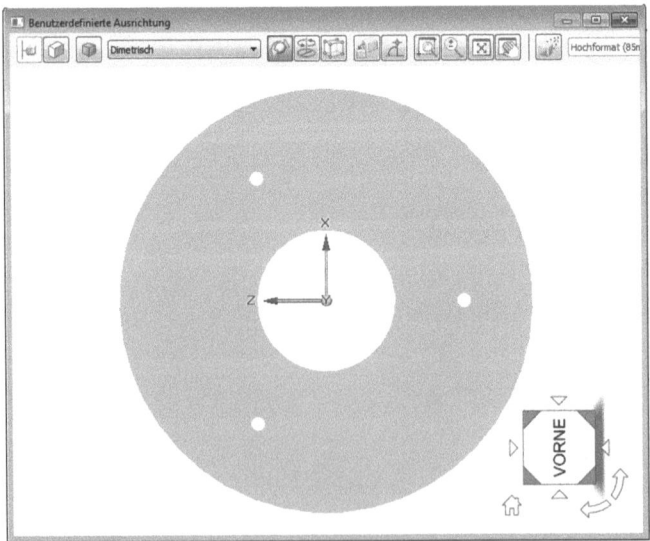

7. Button AUSWÄHLEN, um weitere Ansichten **nicht** zu platzieren, da die verdeckten Kanten noch angezeigt werden. Diese müssen erst in der Formatierungs-

   leiste über Button ⇒ Reiterkarte ANZEIGE ausgeschaltet werden.

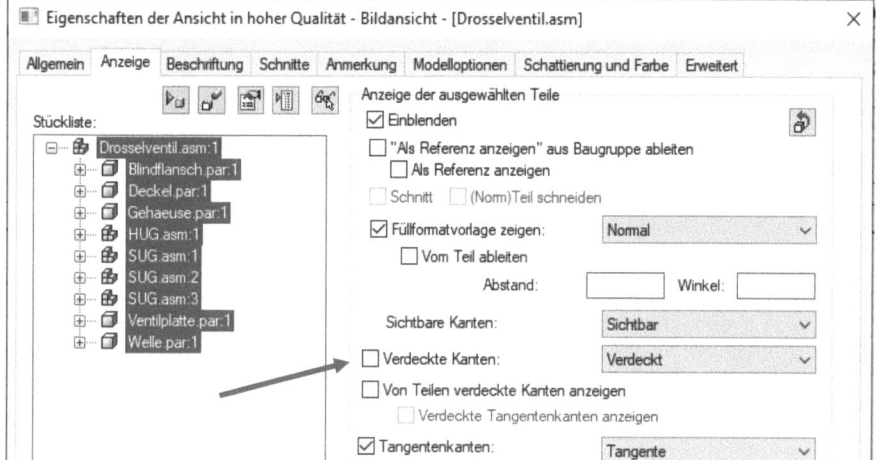

8. Sowie die erste Ansicht platziert ist, ergibt sich der Dateiname von selbst, d.h. in
   diesem Falle kann diese Datei unter <Deckel.dft> abgespeichert werden.

6.4.2 Skalieren einer Ansicht

1. Ansicht mit linker Maustaste selektieren ⇒ Button EIGENSCHAFTEN
   in der Formatierungsleiste ⇒ Reiterkarte ALLGEMEIN
   Alternativ: Rechte Maustaste ⇒ Skalierung in der Formatierungsleiste direkt
   einstellen

2. Skalierung 2:1 auswählen ⇒ OK

6.4.3 Einfügen orthogonaler Ansichten

1. Button HAUPTANSICHT Hauptansicht ⇒ Mit linker Maustaste Zeichnung selektieren

2. Mit linker Maustaste neue Ansicht platzieren

Ziehen der Maus in Richtung...   **...liefert:**

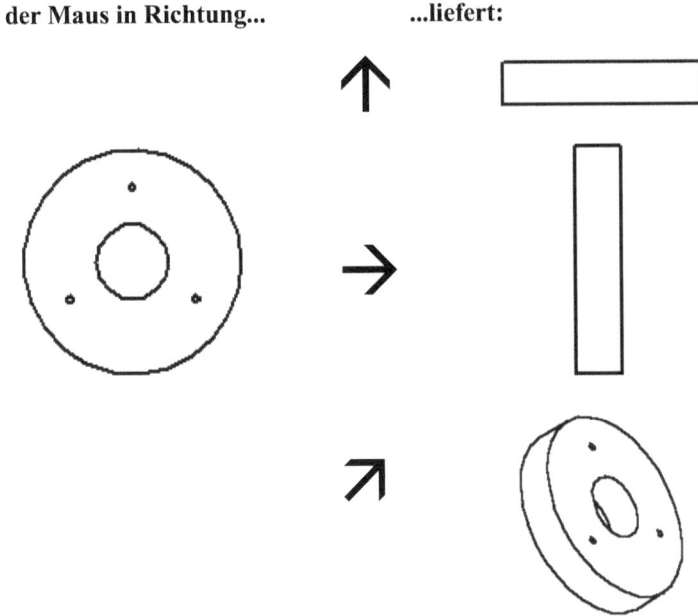

6.4.4 Löschen von Ansichten

1. Mit linker Maustaste die Ansicht auswählen, die gelöscht werden soll (z. B. die obere und rechte Ansicht aus vorigem Abschnitt, da hier eine Schnittansicht benutzt werden muss)

2. **Entf.**-Taste drücken

6.4.5 Erstellen von Hilfsansichten

Button   HILFS   (-ansicht)

Hilfs erstellt eine neue Teilansicht (A), die das Teil um 90 ° um eine Hilfsansichtslinie (B) gedreht in einer vorhandenen Teilansicht zeigt.

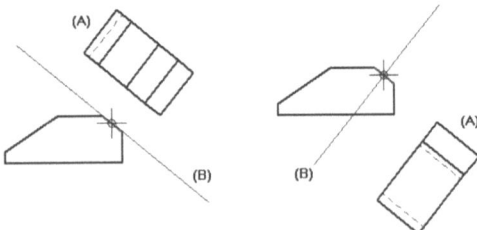

6.4.6 Bewegen von Ansichten

1. Mit linker Maustaste Ansicht markieren und an neuen Platz ziehen

2. Ausrichtungen von Ansichten gegeneinander bleiben dabei erhalten

6.4.7 Kopieren von Ansichten

Mit linker Maustaste Ansicht markieren und mit gleichzeitig gedrückter **Strg**-Taste an neuen Platz ziehen

Die neue Ansicht ist nicht mehr ausgerichtet, jedoch noch immer assoziativ zum Modell.

6.4.8 Aktualisieren von Ansichten

1. Nach Modelländerungen in der 3D-Umgebung ist es notwendig, die Zeichnungsansichten zu aktualisieren.

2. Menüleiste HOME ⇒ Gruppe ZEICHNUNGSANSICHTEN ⇒ ANSICHTEN

AKTUALISIEREN Ansichten aktualisieren

Alternativ: Funktionstaste F5

Hinweis: Diese Option aktualisiert nur die Bildschirmdarstellung, nicht die Ansicht nach Modelländerung.

6.4.9 Ausrichten einer Ansicht

Mit linker Maustaste Ansicht markieren ⇒ mit rechter Maustaste AUSRICHTUNG ERSTELLEN

Die Ausrichtung kann ebenfalls über das Kontextmenü aufgehoben werden. Dann ist freies Verschieben einer Ansicht möglich.

6.4.10 Aufheben der Assoziativität einer Ansicht

Mit linker Maustaste Ansicht markieren ⇒ mit rechter Maustaste 2D-MODELLANSICHT

Mit der Umwandlung zur 2D-Ansicht wird jeglicher Zusammenhang zum Modell oder zur Ursprungsansicht aufgehoben. Die Umwandlung ist unwiderruflich!

6.5 Erzeugen von Schnitten

6.5.1 Erzeugen einer Schnittlinie

1. Button SCHNITTVERLAUF
    mit linker Maustaste Ansicht markieren

2. Schnittlinie durch zwei Lochkreisbohrungen erzeugen

3. SCHNITTVERLAUF SCHLIEßEN

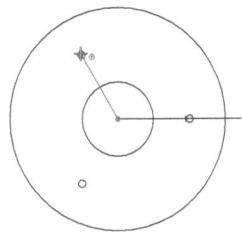

Hinweis: Linienerstellung wie in Part. Beziehungen sind die gleichen (siehe Bild ⇒ Mittelpunktbeziehung)

Hinweis: für eine bessere Übersicht mit Ausschnittvergrößerung die Größe anpassen.

6.5.2 Festlegen der Schnittrichtung

1. Beim Zuweisen der vorgegebenen Schnittrichtung Linksklick

2. Zum Ändern Mauszeiger auf die andere Seite der Schnittlinie ziehen (siehe Bild)

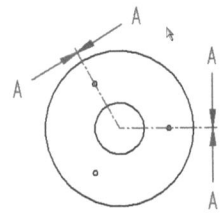

6.5.3 Einfügen einer Schnittansicht

1. Button SCHNITT (-ansicht)
   Schnitt Schnittebene selektieren

2. Einstellen der gewünschten Schraffur (in Formatierungsleiste Dropdown-Liste links)

3. Button GEDREHTE
   SCHNITTANSICHT
   (in Formatierungsleiste)

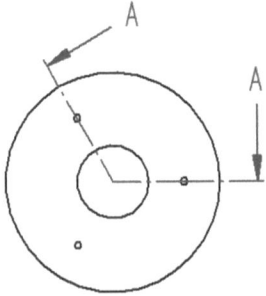

Hinweis: Falls die Rotation bei der Erstellung des Einzelteils nicht mit dem Button „360°" erstellt wurde, wird in der Mitte des Rotationsschnittes eine dicke Linie dargestellt. Diese können Sie mit KANTE AUSBLENDEN ⬡ im Menü KANTEN ausblenden.

4. Wählen der korrekten Projektionsrichtung (entsprechender Abschnitt der Schnittlinie ist rot markiert)

5. Schnittansicht platzieren

6. Linie in der Mitte des Schnittes selektieren bis sie verschwindet, sofern noch nicht verschwunden

Schraffur aus Wellen und Normteilen manuell entfernen (falls weder in den Dateieigenschaften NORMTEIL nicht eingestellt wurde noch in den SOLID EDGE-OPTIONEN die ZEICHNUNGSVORGABEN die entsprechenden Einstellungen getroffen wurden):

Mit rechter Maustaste ⬚ die Schnittansicht anwählen ⇒ EIGENSCHAFTEN ⇒

Reiterkarte Anzeige ⇒ Komponente mit linker Maustaste ⬚ anwählen ⇒

Ansichten
SCHNITT deaktivieren ⇒ OK ⇒ ANSICHTEN AKTUALISIEREN aktualisieren

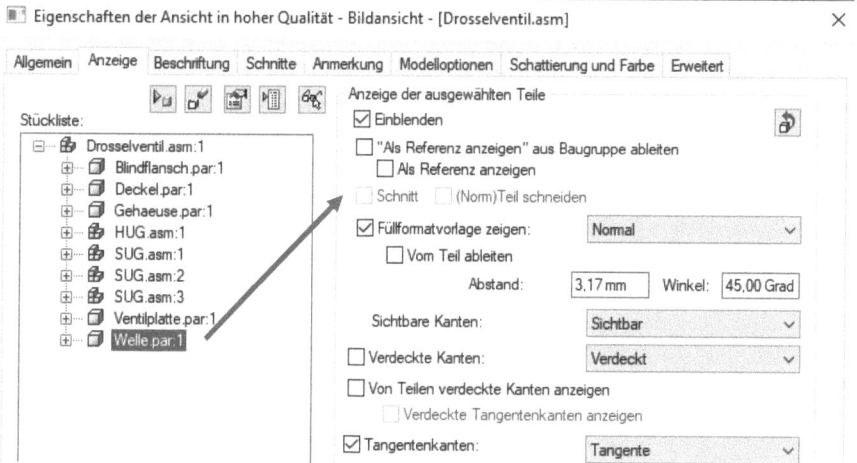

6.6 Erzeugen einer Detailansicht

1. Button EINZELHEIT  Einzelheit

2. Mittelpunkt der Einzelheit selektieren und Umgrenzungskreis aufziehen

3. In Formatierungsleiste Ansichtsmaßstab auswählen

4. Ansicht platzieren

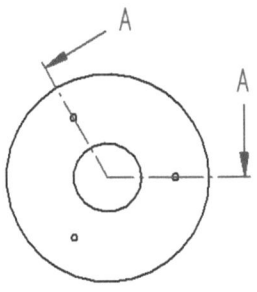

SECTION A-A

 Hinweis: Der Ansichtsmaßstab kann auch nachträglich durch Anklicken

des Button EIGENSCHAFTEN (in Formatierungsleiste) geändert
werden bzw. direkt in der Formatierungsleiste. Ebenso kann das Wort
SECTION durch SCHNITT ersetzt oder gelöscht werden, das gleiche gilt
auch für das Wort DETAIL. Da Detailansichten von hinten im Alphabet
benamt werden, kann dies ebenfalls in der Formatierungsleiste erfolgen.

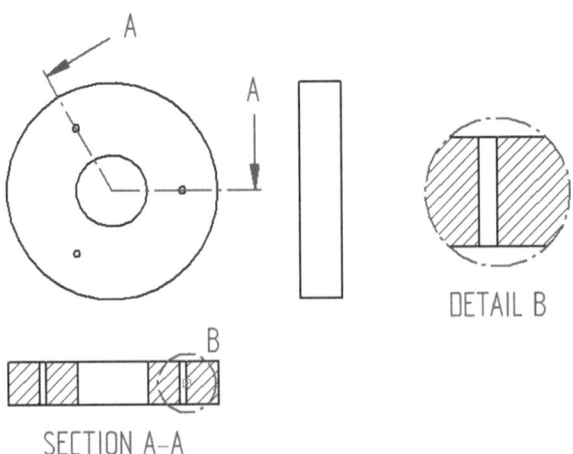

DETAIL B

SECTION A-A

6.7 Hinzufügen von Bemaßungen, Texten etc.

6.7.1 Einfügen von Mittelmarkierungen und Mittellinien

1. Button MITTELMARKIERUNG [⊕]

2. Button PROJEKTIONSLINIEN ⊕ (in Formatierungsleiste), da sonst nur der Mittelpunkt
   markiert wird

3. Mittlere Bohrung auswählen

4. Außenkante des Deckels auswählen

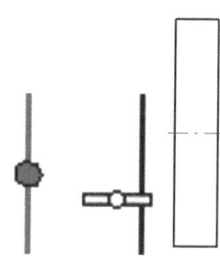

5. Button MITTELLINIE \!/

6. Platzierungsoption in Formatierungsleiste: Button 2 PUNKTEN drücken (Bezugselemente sind
   zwei Punkte im Mittelpunkt eines Objekts)

7. Mitten der beiden senkrechten Körperkanten in
   Seitenansicht selektieren (Mittenmarkierung erscheint neben Mauszeiger)

8. Button MITTELLINIE \!/

9. Platzierungsoption in Formatierungsleiste: Button 2 LINIEN einstellen (Bezugselemente sind
   zwei symmetrische Linien)

10. Verdeckte Körperkanten der Befestigungsboh-
    rungen in Seitenansicht selektieren

6.7.2 Einfügen eines Lochkreises

1. Button TEILKREIS

2. Button TEILKREIS - ÜBER 3

   PUNKTE
   (in Formatierungsleiste)

3. Anklicken der 3 Befestigungsbohrun-
   gen im Mittelpunkt (Mittelpunktmar-
   kierung → siehe Bild)

4. Nach Anklicken des Teilkreises kann

   über EIGENSCHAFTEN (in Formatierungsleiste) die Linienart geändert
   werden.

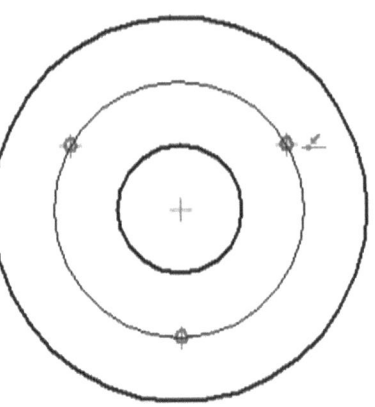

6.7.3 Einfügen von Bemaßungen

Das Anbringen von Bema-
ßungen erfolgt mit den gleichen Werkzeugen wie beim
Erstellen von Skizzen in der
Part-Umgebung. Nichtsdes-
totrotz können mit dem Button   BEMAßUNGEN
ABRUFEN die Maße ab-
gerufen werden, die in den
3D-Modellen z. B. in Skiz-
zendialogen vergeben wur-
den.

Für nebenstehendes Bild
wurde für die Durchmesserbe-
maßung in der Draufsicht
SMARTDIMENSION ver-
wendet. In der rechten Ansicht wurde damit die Kanten-
länge angewählt.

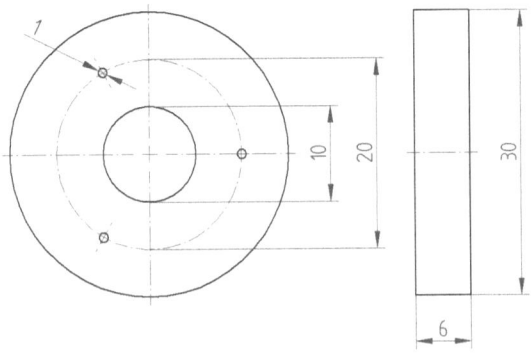

6.7.4 Einfügen von Bemaßungspräfixen

Bemaßungspräfixe können sofort beim Bemaßen oder nachträglich angebracht werden.

1. Durchmessermaß <30 mm> selektieren (bei Auswahl mehrerer Elemente **Strg**-Taste gedrückt halten)

⇒ Button DEFINITION BEARBEITEN - BEMAßUNGSPRÄFIX  (in Formatierungsleiste) ⇒

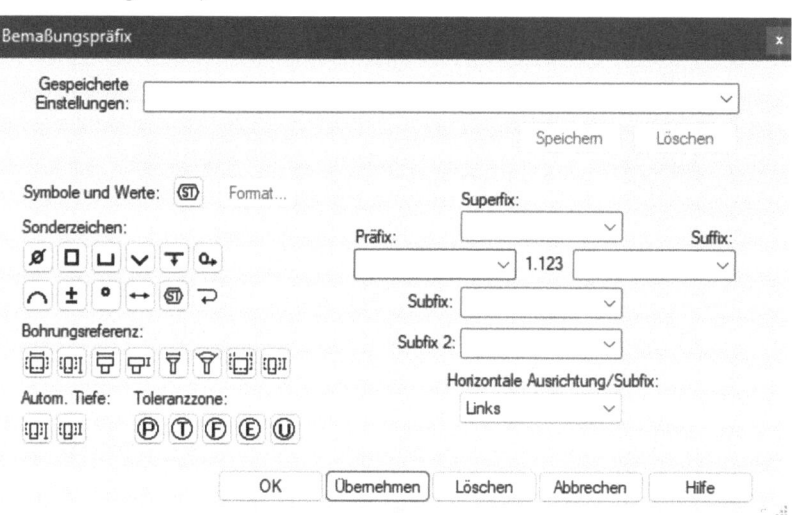

2. Symbol „ø" als Präfix übernehmen ⇒ OK

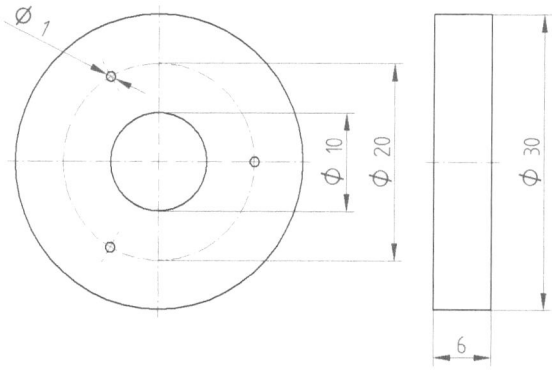

6.7.5 Einfügen und Editieren von Text

1. Button TEXT ⒜ mit linker Maustaste an beliebige Stelle des Zei-
   chenblattes klicken

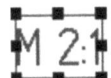

2. Eingeben <"M 2:1"> TEXT- Befehl

3. mit **Esc**-Taste unterbrechen

4. Textfeldrahmen mit linker Maustaste markieren

5. Textfeld an gewünschte Stelle ziehen

6. Textfeldrahmen mit linker Maustaste markieren

7. Textfeld mit gedrückter **Strg**-Taste
   an andere Stelle kopieren

8. Mit linker Maustaste in Textfeld
   doppelklicken, um Text zu markieren

9. Überschreiben mit aktuellem Datum

10. Textfeldrahmen markieren und auf
    gewünschte Größe ziehen

Analoges Vorgehen für Namen und Bezeichnungen. Schriftarten, Größe und Forma-
tierung können in der Formatierungsleiste ausgewählt bzw. eingegeben werden.

Verwendungsbereich			Zul. Abw. Maße ohne Toleranzangabe ISO 2768 - m		Oberfläche	Maßstab	2:1		Masse	0,026 kg
						Werkstoff, Halbzeug		Grauguss 20		
			Datum	Name		Benennung				
			Bearb. 17.10.2016	Schabacker						
			Gepr.				Deckel			
			Norm							
			Otto-von-Guericke-Universität Magdeburg			Zeichnungs-Nummer	DV2			Blatt 1
										1 Bl.
Zust.	Änderung	Datum Name								

Für weitere Übungsbeispiele die übrigen Einzelteile des Drosselventils nutzen.

Für Zeichnungen für die Universität Magdeburg steht eine Vorlagedatei mit entsprechendem Zeichnungsrahmen zur Verfügung. Die Vorlage **Uni_MD5.dft** kann unter http://www.bapm.de/solidedge/Uni_MD5.dft heruntergeladen und im Ordner *.../Programme/Solid Edge 2025/Template/DIN Metric* abgelegt werden. Sie steht nach neuerlichem Starten von Solid Edge bei der Neuerstellung einer Zeichnung als Vorlage (Abschnitt 1.3) zur Verfügung.

6.7.6 Automatisches Ableiten des Maßstabs aus Hauptansicht

Besser ist es, den Maßstab aus der Hauptansicht abzuleiten. Dazu geht man in der Formatierungsleiste nach Klick auf die Hauptansicht auf Button EIGENSCHAFTEN ⇒ Reiterkarte BESCHRIFTUNG, setzt den Haken ggf. bei primärer Beschriftung und bei Ansichtsskalierung, ändert die Schriftgröße auf 3,5 mm ⇒ OK. Diesen Maßstab zieht man anschließend in das Maßstabsfeld im Schriftfeld.

Damit unter einer Einzelheitdarstellung ebenso der Maßstab erscheint, ruft man o.g. Reiterkarte auf und setzt die beiden Haken.

6.7.7 Automatisches Ausfüllen von Zeichnungsinformationen

Es empfiehlt sich nicht immer, zum Ausfüllen einer Zeichnung die Textfunktion zu verwenden. Daher gibt es in Solid Edge die Möglichkeit zum Einfügen von Legendeneigenschaften mit Hilfe des Buttons LEGENDE **a** ⇒ Registerkarte ALLGEMEIN ⇒ Button EIGENSCHAFTSTEXT anklicken ⇒ z. B. INDEXREFERENZ einstellen ⇒ in Eigenschaften z. B. TITEL mit linker Maustaste Doppelklick ⇒ OK ⇒ OK ⇒ Platzieren der Legende auf dem Zeichenblatt ⇒ anschließend in der Formatierungsleiste den Button BEZUGSLINIE deaktivieren. Der TITEL muss vorher im Part-File bzw. im Assembly-File in DATENMANAGEMENT⇒ EIGENSCHAFTEN ⇒ DATEIEIGENSCHAFTEN ⇒ Registerkarte INFO ⇒ Feld TITEL eingetragen sein. Für andere Eigenschaften gilt dies analog.

6.8 Editieren der Formatvorlage

Um eine Vorlagedatei bei der Erstellung einer neuen Datei als Grundlage zu nutzen, sollte diese im Ordner *.../Programme/Solid Edge 2025/Template/DIN Metric* abgelegt werden (Abschnitt 6.7.5).

Sollen Elemente der Vorlage geändert werden, dann muss dies in der Hintergrundansicht erfolgen. Hierzu ist über Menüleiste ANSICHT ⇒ Gruppe BLATTANSICHTEN ⇒ HINTERGRUND umzuschalten und die Hintergrundblätter sind sichtbar, d. h. die Blätter können jetzt über die Karteikartenreiter unterhalb des Arbeitsbereichs zur Änderung ausgewählt werden.

Alle eingefügten Elemente sind statisch und können auf der Ansicht „Arbeitsblatt" nicht geändert werden.

Die Formatvorlagen zu folgenden Elementen sind ebenfalls individuell anpassbar:

* Bemaßung
* Füllen
* Schraffur
* Linie
* Text

Unter Menüleiste ANSICHT ⇒ Gruppe FORMATVORLAGE ⇒ FORMATVORLAGE wird die abgebildete Maske aufgerufen. Hier können zu genannten Formatvorlagen Änderungen vorgenommen, neue Vorlagen hinzugefügt und alte Vorlagen gelöscht werden. So können zum Beispiel Linienstärken für bestimmte Linienarten geändert werden, um so das Druckbild anzupassen.

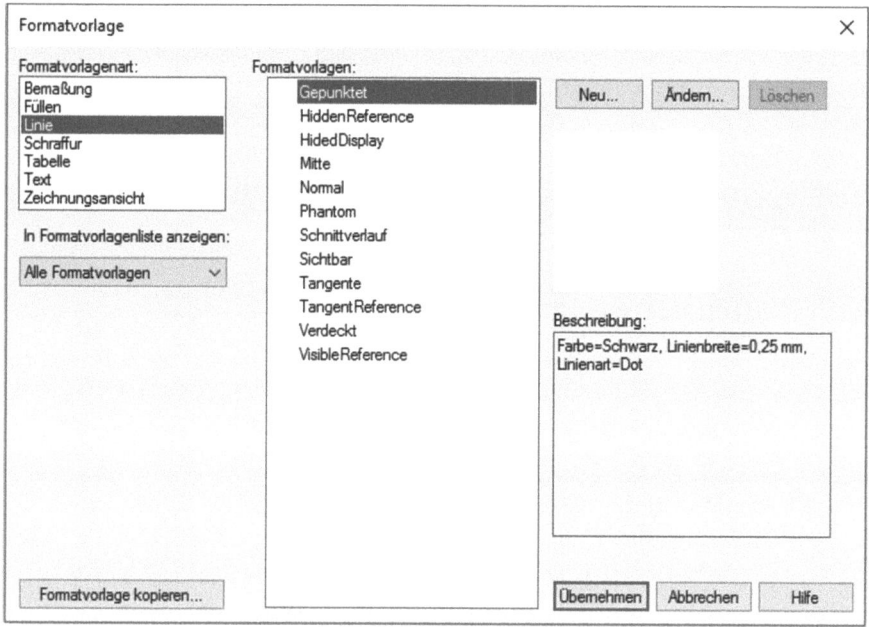

6.9 Erzeugen einer Stückliste

Viele Firmen hängen ihren Baugruppenzeichnungen Stücklisten an, um zusätzliche Informationen zu einzelnen Baugruppenkomponenten zu geben. Beispielsweise sind Teilenummer, Material und Menge der erforderlichen Teile in der Stückliste aufgeführt. Eine Stückliste in Solid Edge ist assoziativ zur gewählten Teilansicht. Die Stückliste wird wie folgt erzeugt:

Ableiten einer Zeichnungsansicht aus der <Drosselventil.asm> (Vorgehensweise siehe 6.4.1) ⇒ in Menüleiste HOME ⇒ Gruppe TABELLEN ⇒ STÜCKLISTE

Stückliste

▾   anklicken ⇒ eine Zeichnungsansicht auswählen ⇒ Button STÜCKLISTE ⇒ TEXTBLASE 🖉 zum automatischen Hinzufügen von Textblasen für die Kennzeichnung der einzelnen Komponenten auf der Formatierungsleiste ist bereits eingestellt ⇒ Button STÜCKLISTE – EIGENSCHAFTEN 🖾 drücken ⇒ gewünschte Eigenschaften der Stückliste in den Reiterkarten einrichten (z. B. werden in der Reiterkarte SPALTEN die obengenannten Beispielinformationen, Spalten-

breite etc. eingerichtet) ⇒ OK ⇒ linke Maustaste ⬚ auf Arbeitsblatt

Sollen in den Textblasen keine Mengenangaben stehen, alle Textblasen mit gedrückter Shift-Taste anklicken und den Haken bei ELEMENTANZAHL IN TEXTBLASE
ANZEIGEN entfernen. Weitere Funktionalitäten zum Aktualisieren und Formatie-
ren von Stücklisten sind in der Solid Edge-Hilfe zu finden.

6.10 Plotten der Zeichnung

Menüleiste DATEI ⇒ PAPIERAUSDRUCK ⇒ Drucker auswählen ⇒ Einstellen
von Hoch- oder Querformat über EIGENSCHAFTEN ⇒ Reiterkarte LAYOUT ⇒
OK ⇒ Kontrollieren der Seitenansicht über EINSTELLUNGEN ⇒ OK ⇒ OK

Oder: Ausdruck als pdf-File mit einem frei erhältlichen PDF-Konverter: Menüleiste DATEI ⇒ PAPIERAUSDRUCK ⇒ Drucker auswählen <z. B.
PDFCreator, FreePDF> ⇒ EIGENSCHAFTEN ⇒ ERWEITERT ⇒ For-
mat einstellen ⇒ OK ⇒ SAVE ⇒ <Dateinamen> eingeben ⇒ SAVE

6.11 Kontrollfragen

1. Was ist der Unterschied zwischen Arbeitsblatt und Hintergrundblatt?

2. Wie werden Schnittansichten erstellt?

3. Wie kann eine Ansicht so schnell wie möglich bemaßt werden?

4. Wie können die verdeckten Kanten einer Ansicht ausgeblendet werden?

5. Wie kann automatisch die Masse im Schriftfeld eingetragen werden?

6. Wie kann man Komponenten von Unterbaugruppen in der Stückliste mit auf-
   listen?

7 Spezielle Funktionen in Solid Edge

In diesem Kapitel werden verschiedene spezielle Funktionen anhand einfacher Beispiele erläutert. Dabei werden zur Veranschaulichung jeweils Schritt für Schritt Anweisungen mit Erläuterungen kombiniert. Bei den speziellen Funktionen handelt es sich um die Erstellung von Wölbungen, Formschrägen, dünnwandigen Bauteilen, Rippen, Versteifungsnetzen, Lüftungsgittern, Lippen und Befestigungsdomen.

7.1 Behandlung von Wölbungen und Formschrägen

Allgemeine Vorgehensweise:

- Skizzieren des Extrusionsprofils

- Definieren der Extrusionsrichtung

- Auswählen und Parametrisieren der Behandlung

7.1.1 Wölbungen

1. Skizzieren des Extrusionsprofils als Skizze

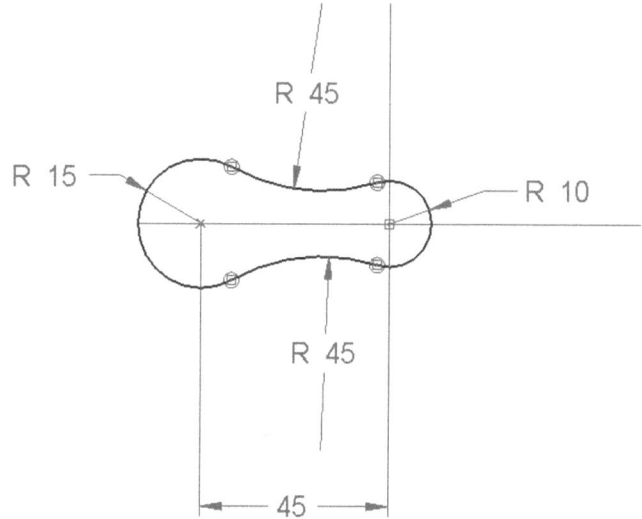

2. Button EXTRUSION _{Extrusion} ⇒ AUS SKIZZE WÄHLEN klicken,

    Skizze anwählen und bestätigen

3. Button NICHT SYMMETRISCHES ABMAß ⇒ erster Abstand
    <50 mm> (Richtung 1) ⇒ Richtung wählen ⇒ zweiter Abstand <30 mm> (Richtung 2) ⇒ entgegengesetzte Richtung anklicken

4. In Formatierungsleiste EXTRUSION ⇒ BEHANDLUNG aufklappen:

5. Button WÖLBUNG anklicken

6. Behandlungsdialog für Wölbung erscheint:

    - Richtung 1 Typ auf ABSTAND UND
      AUSTRITTWINKEL einstellen,
      OFFSET <5 mm>, Austrittswinkel
      <0 Grad>

    - Richtung 2 Typ auf RADIUS einstellen
      mit RADIUS <30 mm>

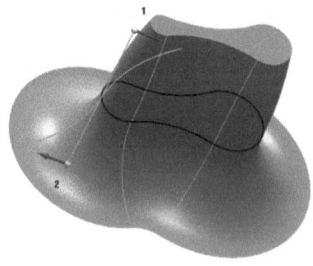

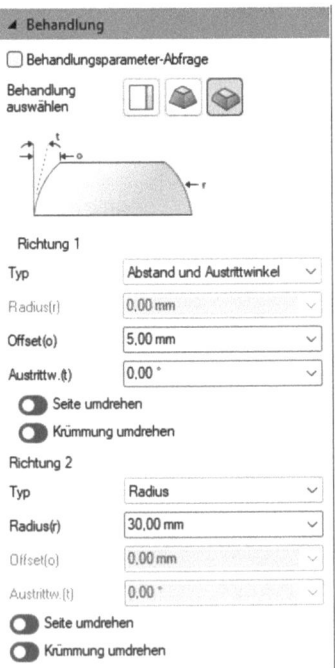

⇒ OK

7. VORSCHAU

8. FERTIGSTELLEN ⇒
   ABBRECHEN

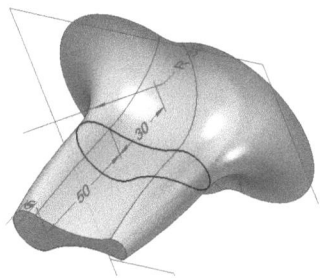

7.1.2 Formschrägen

1. Extrusion mit Skizze aus 7.1.1

2. Nichtsymmetrische Extrusion mit Werten aus 7.1.1

3. Button FORMSCHRÄGE  anklicken

4. Richtung 1 und Richtung 2 jeweils Winkel auf <5 Grad> einstellen ⇒ Winkel
   1 umdrehen

5. VORSCHAU ⇒ FERTIGSTELLEN ⇒ ABBRECHEN

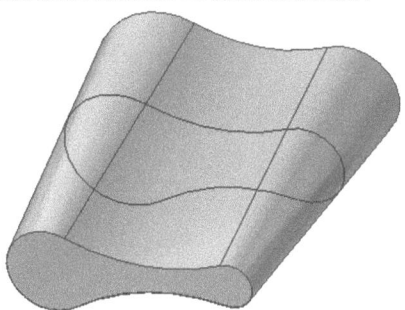

7.2 Dünnwandige Bauteile

1. Neue Datei <duennwand.par> erstellen

2. Erstellen eines Rechtecks mit <100 mm> Länge und <50 mm> Breite und anschließend Extrudieren mit <30 mm> Höhe, alle Ecken bis auf der Oberseite mit <R 10 mm > verrunden:

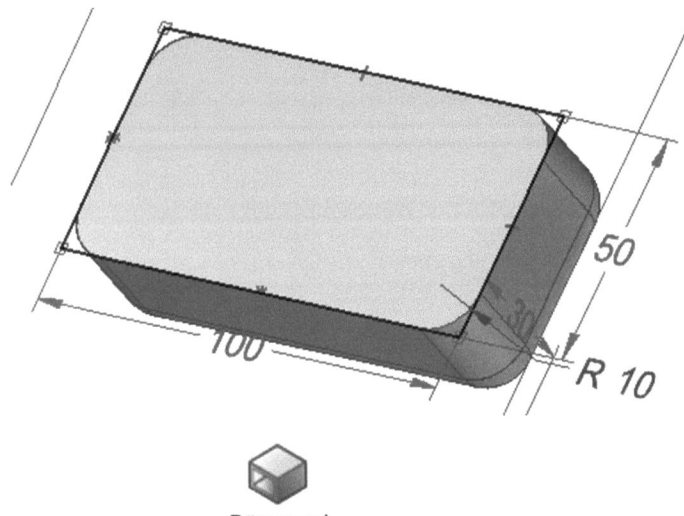

Dünnwand

3. Button DÜNNWAND   ▾   ⇒ Einheitliche Stärke <2 mm> ⇒ RETURN

4. Offene Teilfläche wählen   ⇒ mit ✅ Haken bestätigen (oder Rechtsklick) ⇒ VORSCHAU ⇒ FERTIGSTELLEN

Hinweis: Solid Edge erlaubt es, eine Wandstärke größer als den Ausrundungsradius einzustellen. Es entsteht dann innen eine scharfe Kante, ohne dass Solid Edge darauf aufmerksam macht.

7.3 Weitere Funktionen

7.3.1 Rippen

Als Grundlage dient ein einfacher Winkel ohne Bohrungen aus Kapitel 3.

1. Generieren des Winkels

2. Unter Button DÜNNWAND ⇒ Button RIPPE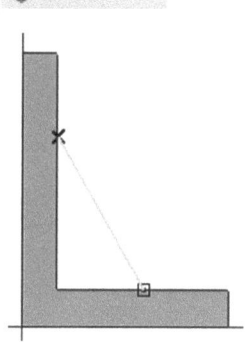

3. Auswählen einer zum Winkel senkrechten Ebene

4. Skizzieren des Profils in dieser Ebene (siehe rechts) ⇒ SKIZZE SCHLIEßEN

5. Eingabe der Rippenstärke <3,00 mm> in der Formatierungsleiste ⇒

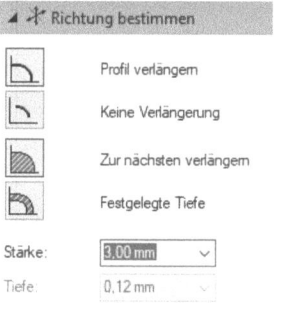

6. Bestimmung der Ausbildungsrichtung (in Richtung Winkel) durch linke Maustaste

7. Bestimmung der Lage der Rippe (symmetrische Ausdehnung siehe Bild)

8. FERTIGSTELLEN

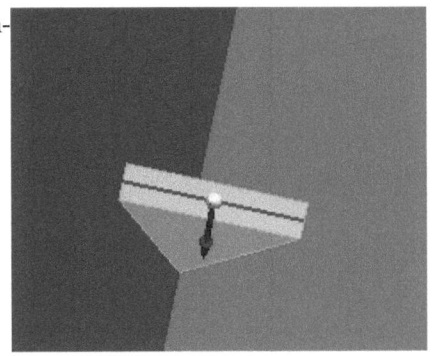

7.3.2 Versteifungsnetze

Als Grundlage dient die Datei <duennwand.par>

1. Unter Button DÜNNWAND ⇒ Button VERSTEIFUNGSNETZ

   Versteifungsnetz

2. „Koinzidente Ebene"; dient als Referenzebene, die durch die Oberkante des Körpers gebildet wird (siehe Pkt.4)

3. Skizzieren des groben Musters des Versteifungsnetzes (beispielhaft siehe Bild)
   ⇒ ZURÜCK

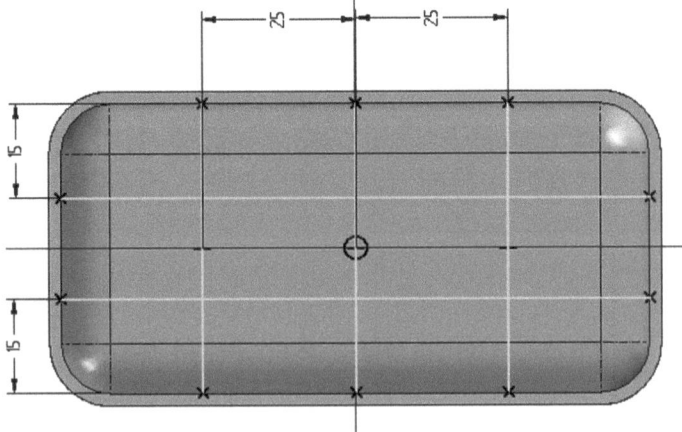

4. Eingabe der Stärke der Versteifung <1 mm> ⇒ RETURN

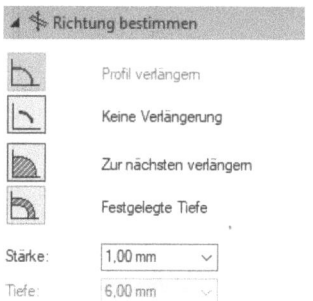

5. Bestimmen der Ausdehnungs-
    richtung des Versteifungsnet-
    zes durch Linksklick

6. Durch Drücken des Button
    BEHANDLUNG in der Forma-
    tierungsleiste können Form-
    schrägen in der Versteifung
    hinzugefügt werden

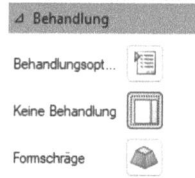

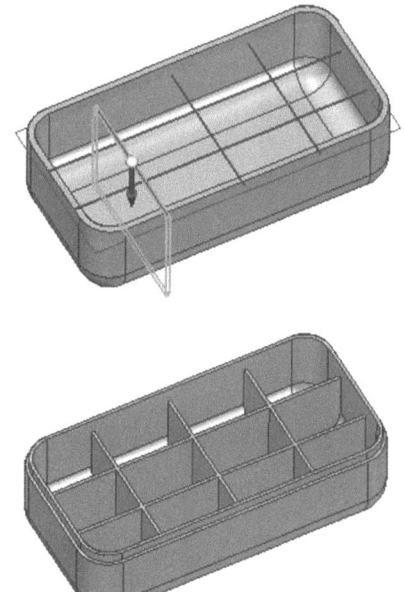

7. FERTIGSTELLEN ⇒
    ABBRECHEN

7.3.3 Lüftungsgitter

Als Grundlage dient die Datei <duennwand.par>

Hinweis: Falls das Versteifungsnetz in der <duennwand.par> noch vorhanden ist, kann es im PathFinder über die Anwahl der rechten Maustaste ⌷ ⇒

⇒ UNTERDRÜCKEN unterdrückt werden (wie auch bei allen anderen Features möglich).

1. Erzeugen einer Skizze (beispielhaft siehe Bild) der Lüftungsgitterstruktur in der koinzidenten Ebene der Unterseite ⇒ SKIZZE SCHLIEßEN ⇒ FERTIGSTELLEN ⇒ ABBRECHEN

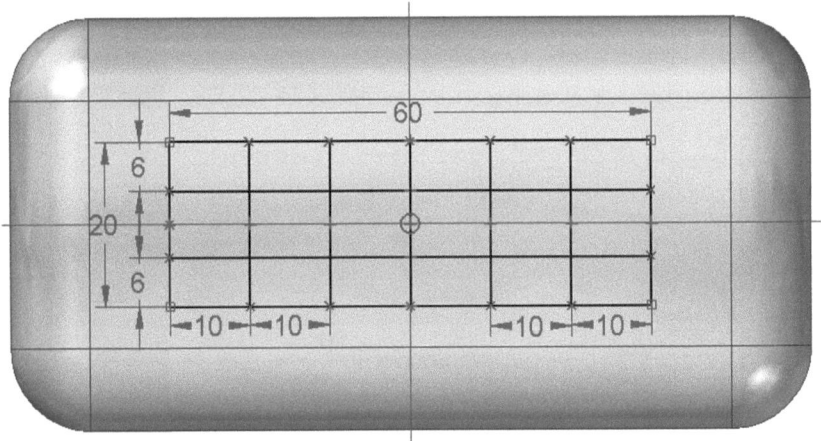

2. Unter Button DÜNNWAND ⇒ Button LÜFTUNGSGITTER

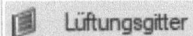

Lüftungsgitteroptionen öffnet

Rippenstärke (blau) <3 mm> Holmstärke (rot) <2 mm> Tiefen <2 mm> (gemäß unterer Skizze im Dialog sind die Maße ersichtlich)

Des Weiteren können hier Formschräge und Verrundungsradius angegeben werden ⇒ OK

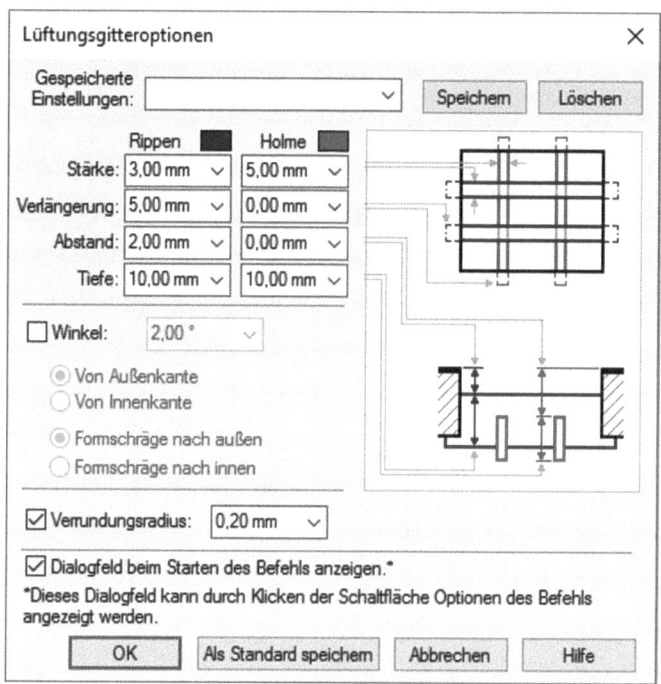

3. Umrandung der Skizze auswählen ⇒ mit Haken ✅ bestätigen ⇒ Rippen auswählen ⇒ mit Haken ✅ bestätigen ⇒ Holme auswählen ⇒ mit Haken ✅ bestätigen

4. Ausdehnungsrichtung durch Linksklick 🖱 ⇒ FERTIGSTELLEN ⇒ ABBRECHEN

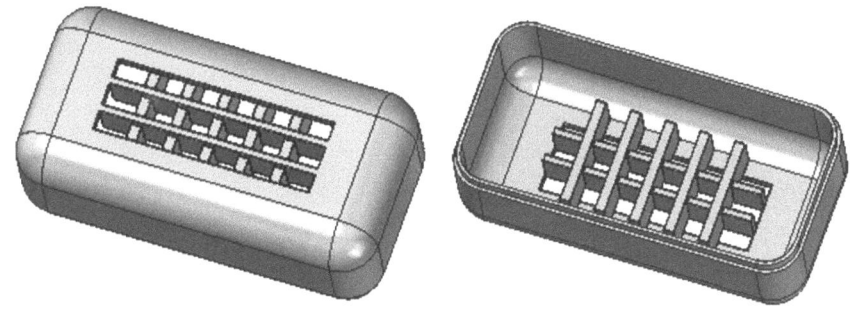

7.3.4 Lippen

Als Grundlage dient die Datei <duennwand.par>.

Hinweis: Falls das Versteifungsnetz und/oder das Lüftungsgitter in der <duennwand.par> noch vorhanden sind, können sie im PathFinder über die Anwahl der rechten Maustaste ⬛ ⇒ UNTERDRÜCKEN unterdrückt werden (wie auch bei allen anderen Features möglich).

- Button LIPPE 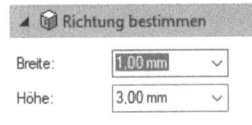 ⇒ Außenkante der Öffnung auswählen ⇒ mit Haken ☑ bestätigen

- In Formatierungsleiste Breite <1 mm> und Höhe <3 mm> eingeben:

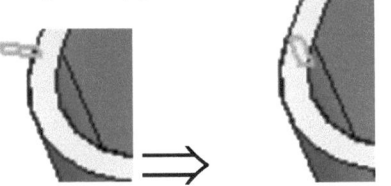

- Ausrichtung der Lippe mit Linksklick ⬛ festlegen

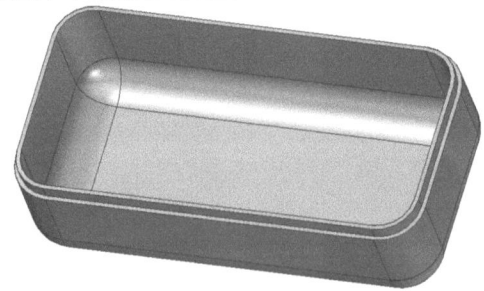

- FERTIGSTELLEN ⇒ ABBRECHEN

7.3.5 Befestigungsdome

Grundlage kann eine beliebige Extrusion sein.

1. Unter Button DÜNNWAND ⇒ Button
   BEFESTIGUNGSDOM

 Befestigungsdom

2. Parallelebene (öffnet sich automatisch) in
   der Länge des Domes entsprechender Ent-
   fernung von der Extrusion erzeugen (siehe
   Bild)

3. Skizzenfenster öffnet sich ⇒ Dom(e) positionieren ⇒ SKIZZE SCHLIEßEN

4. Button OPTIONEN ⇒ Fenster "Optionen des Befestigungsdoms" öffnet sich

Die Eintragungen sind in der rechten Skizze des
Dialoges erklärt.

5. Eigenschaften eingeben:

   - DOMDURCHMESSER <6 mm>
   - Haken setzen bei BEFESTIGUNGS-
     BOHRUNG mit BOHRUNGSDURCH-
     MESSER <3 mm> und BOHRTIEFE
     <12 mm>
   - Haken setzen bei VERSTÄRKUNGS-
     RIPPEN mit ANZAHL <4>, ABSTAND
     <12 mm>, NEIGUNG <5 Grad>,
     LÄNGE <2 mm>, VERJÜNGUNG <20
     GRAD>, STÄRKE <3,17 mm>
   - Haken setzen bei VERRUNDUNGEN
     HINZUFÜGEN mit RADIUS <0,2 mm>

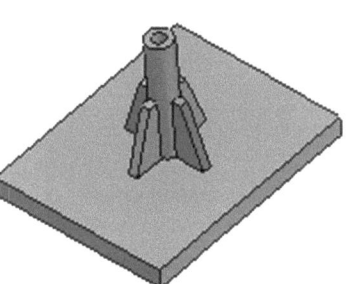

6. OK

7. Extrusionsrichtung durch Linksklick

8. FERTIGSTELLEN ⇒ ABBRECHEN

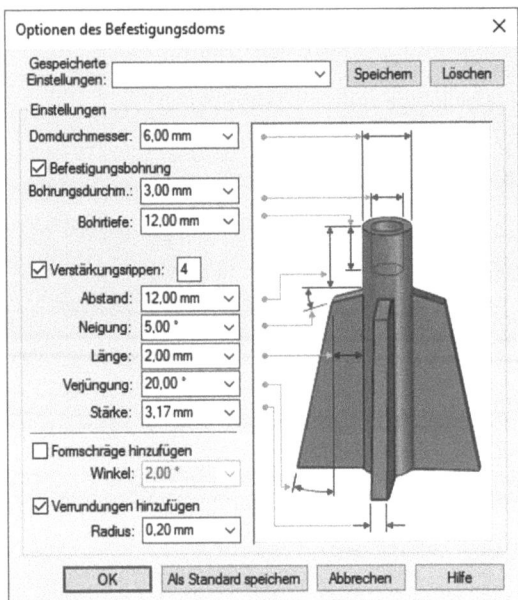

7.4 Kontrollfragen

1. Welche speziellen Funktionen gibt es in Solid Edge?

2. Wie kann man die Anzahl der offenen Teilflächen bei dünnwandigen Bauteilen bestimmen?

3. Wie kann man nach Fertigstellung des Lüftungsgitters die Lüftungsgitterstruktur ändern?

4. Welche Probleme können bei der Erstellung des Befestigungsdoms auftreten?

5. Was haben das Versteifungsnetz und der Befestigungsdom beim Modellieren gemeinsam?

6. Wie sollte beim Versteifungsnetz am besten vorgegangen werden?

7. Wie kann man Rippen und Holme beim Lüftungsgitter nachträglich hinzufügen bzw. entfernen?

8. Wie muss das Gegenstück eines Einzelteils mit Lippe aussehen und wie kann man das erreichen?

Musterlösungen

Lösungen zu Kontrollfragen in Kapitel 1

zu 1.

Anwendung/ Arbeitsumgebung	Funktion/Angezeigter Anwendungs-name/Standardvorlage	Dateierweiterung
Solid Edge Part	Modellierung Einzelteile/ DIN Metrisches Teil/ din metric part.par	<name>.par
Solid Edge Sheet Metal	Modellierung Blechteile/ DIN Metrisches Blechteil/ din metric sheet metal.psm	<name>.psm
Solid Edge Assembly	Modellierung Baugruppen/ DIN Metrische Baugruppe/ din metric assembly.asm	<name>.asm
Solid Edge Draft	Zeichnungserstellung/ DIN Metrische Zeichnung/ din metric draft.dft	<name>.dft
Solid Edge Weldment	Modellierung Schweißkonstruktionen/ DIN Metrische Schweißkonstruktion/ din metric weldment.asm	<name>.asm

zu 2.   Die Bestandteile der Benutzungsoberfläche sind:

Anwendungsschaltfläche	Zum Erstellen/Öffnen/Speichern von Dateien und deren Verwaltung.
Schnellzugriffsleiste	zeigt häufig verwendete Befehle an.
Befehlsleiste	dynamische Symbolleiste, deren Inhalt sich dem gegenwärtig verwendeten Befehl anpasst.
Multifunktionsleiste	enthält Befehle für die am häufigsten verwendeten Windows- und Solid Edge-Funktionen im betreffenden Menü. Wird der Mauszeiger auf einen Button bewegt, erscheint eine Kurzinfo mit der Funktion der Taste.
Titelleiste	enthält den Namen der aktiven Umgebung und des aktiven Dokuments (Part, Draft, Sheet Metal, ...).
PathFinder	enthält Informationen über den Aufbau des Bauteils und dessen Chronologie.

© Der/die Herausgeber bzw. der/die Autor(en), exklusiv lizenziert an
Springer Fachmedien Wiesbaden GmbH, ein Teil von Springer Nature 2026
M. Schabacker, *Solid Edge 2025 für Einsteiger – kurz und bündig*,
https://doi.org/10.1007/978-3-658-49835-1

| Aufforderungsleiste | enthält wichtige Informationen und Meldungen. |
| Arbeitsbereich | Hauptteil des Solid Edge-Fensters. In der Part- oder Assembly-Umgebung werden die Basisreferenzebenen und die Koordinatensysteme angezeigt. In der Draft-Umgebung werden mit Registern versehene Zeichnungsblätter angezeigt. |

zu 3. Der PathFinder enthält Informationen über den Aufbau des Bauteils.

zu 4. Folgende Änderungen sind möglich: Zoomfunktionen, Verschieben des Bildausschnitts, Dynamisches Drehen, Drehen nach Vorgabe, Einstellungen von benannten Ansichten und diverse Schattierungsmöglichkeiten.

Lösungen zu Kontrollfragen in Kapitel 2

zu 1. Mit Hilfe von Features (Formelemente) lassen sich Bauteile mit intelligenter Geometrie definieren. „Feature" - im Sinne der CAD-Anwendung - sind mit Attributen versehene komplexe CAD-Elemente. Diese Attribute können geometrische, technologische oder funktionale Eigenschaften zur Beschreibung eines realen Objektes (Werkstückteil) sein (z. B. Bohrungen, Gewinde).

zu 2. Parameter sind der Durchmesser eines Kreises mit festgelegtem Mittelpunkt auf einer Ebene, welche mit ihrem Normalenvektor die Lage im Raum definiert, und die Höhe, beschrieben durch die Länge einer Strecke entlang dieses Normalenvektors.

zu 3. Zur schnellen Änderung von Bauteilen können Definitionen von Skizzen oder Formelementen direkt geändert werden. Mit linker Maustaste im Path-Finder das Bauteil auswählen ⇒ in den dargestellten Änderungsmöglichkei-

ten   eine der folgenden auswählen:

- DEFINITION BEARBEITEN ⇒ hier können Optionen wie z. B. für Bohrungen (z. B. Bohrungsdurchmesser) angepasst werden.

- PROFIL BEARBEITEN ⇒ hier können Extrusionen und Skizzen geändert werden.

- DYNAMISCH BEARBEITEN ⇒ hier können Parameterwerte für Formelemente wie Fasen und Verrundungen angepasst werden.

zu 4. Diese Modellierungstechnik ist auch unter dem Begriff Boundary Representation (B-Rep) bekannt.

zu 5.   In der Skizzenumgebung von Solid Edge sollten folgende Einstellungen gelten:

- In der Gruppe BEZIEHUNGEN $\Rightarrow$ Button BEZIEHUNGEN ERHALTEN 🔲 zum Platzieren von geometrischen Beziehungssymbole und BEZIEHUNGSSYMBOLE 🔲 zum Ein-/Ausblenden von geometrischen Beziehungen sollten immer aktiviert sein.

- Sowie beim Bemaßen von geometrischen Objekten mit SMART-

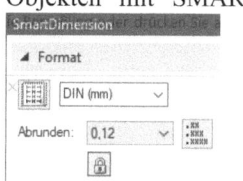

  DIMENSION die Formatierungsleiste mit | er-
  scheint, sollte darauf geachtet werden, dass das Schloss des Buttons

  SMARTDIMENSION – VARIABEL 🔒 immer geschlossen ist. Ansonsten werden die Bemaßungen in der Farbe <blau> anstatt in <rot> dargestellt, was bedeutet, dass auf abhängige Bemaßung umgeschaltet wurde.

zu 6.   In zylindrischen Körpern muss eine Bohrung auf der Stirnfläche immer konzentrisch platziert werden, da nachträgliche Anpassungsarbeiten vermieden werden müssen, wenn die Position des Zylinders im 2D-Koordinatensystem verschoben wird.

Lösungen zu Kontrollfragen in Kapitel 3

zu 1.   In der 2D-Umgebung hat ein Kreis 2 Freiheitsgrade: seine Mittelpunktposition beschrieben durch 2 Freiheitsgrade, z. B. X-/Y-Koordinaten.

zu 2.   Eine Skizze ist vollständig bestimmt, wenn alle Freiheitsgrade mit Hilfe von geometrischen und dimensionalen Bedingungen vergeben wurden. In Solid Edge wird dies über das Menüleiste PRÜFEN $\Rightarrow$ Gruppe BEWERTEN $\Rightarrow$ BEZIEHUNGSFARBEN geprüft. Dimensionale Bedingungen werden in rot dargestellt, Geometrieelemente in blau. Sobald geometrische und/oder dimensionale Bedingungen für die Geometrieelemente verwendet werden, werden die Geometrieelemente sukzessiv in schwarz dargestellt. Sind alle Geometrieelemente schwarz, so ist die Skizze vollständig bestimmt und bemaßt. Eine andere Möglichkeit ist, ob einzelne Elemente oder die gesamte Skizze mit der Maus hin und her gezogen werden können. Ist dies der Fall, so ist die Skizze unterbestimmt, im anderen Fall ist sie vollständig bestimmt.

zu 3.   Skizzen können die Grundlage für verschiedene Operationen wie beispielsweise Extrusionen (in vorigen Solid Edge-Versionen Ausprägungen), Rotationen, Ausschnitte oder Rotationsausschnitte sein.

zu 4.   Eine Bohrung wird in 3D definiert durch eine Kreisfläche im Raum und einer
senkrechten Tiefe zu dieser Fläche. Eine weitere Bedingung ist, dass dieser
Zylinder im Raum in ein Volumen hineinragt.

zu 5.   Um die Eingabe des 360°-Winkels bei einem Rotationskörper oder einem
Rotationsausschnitt zu vermeiden, wird in der Formatierungsleiste über der
manuellen Winkeleingabe der Button DREHUNG UM 360 ° angeklickt.

zu 6.   Wenn separate Skizzen für Rotationsausprägungen und Rotationsausschnitten erstellt werden, muss immer eine Rotationsachse erzeugt werden, d.h.:
Sollten mehrere Rotationsausprägungen und Rotationsausschnitten in einem
3D-CAD-Modell vorkommen, muss in jeder separaten erstellten Skizze eine
Rotationsachse vorhanden sein.

Lösungen zu Kontrollfragen in Kapitel 4

zu 1.   Vervielfältigen einzelner Formelemente können über die Funktionen
MUSTER oder FORMELEMENT SPIEGELN erzeugt werden. Hierzu empfiehlt es sich, bei beiden Funktionen den Button SMART MUSTER unab-
hängig von der Komplexität der Geometrie einzustellen. Ausnahme wäre das
Mustern einer verstärkten Fläche mit dem Button VERSTÄRKUNG, welcher
aber nicht Gegenstand dieses Buches ist.

zu 2.   Das Mustern ist eine sehr effiziente Methode, gleichartige Formelemente zu
erzeugen. Die Eigenschaften des Formelementes müssen nur bei seiner ersten
Instanz festgelegt werden und können dort auch leicht geändert werden. Darüber hinaus bietet Solid Edge vielfältige Möglichkeiten zur Verteilung der
Musterelemente.

zu 3.   Hierzu bietet Solid Edge die Möglichkeiten der Erzeugung von Kreismustern,
Rechteckmustern und Mustern entlang einer Kurve an. Dabei sind Kreis- und
Rechteckmuster die am häufigsten benutzten.

zu 4.   Da die Welle ein Drehteil ist, muss also eine Skizze dergestalt erzeugt werden, so dass anschließend eine Rotation erfolgt.

zu 5.   Zum einen wäre die Erstellung einer Skizze für den Ausschnitt beim späteren
Ändern von Maßen sehr hilfreich. Zum anderen wäre die Erzeugung einer
parallelen Ebene tangential mit TANGENTENEBENE zur Mantelfläche
sinnvoll, um das Volumen mit ABMAß VON/BIS von der Skizze bis zur
Tangentenebene korrekt abziehen zu können. Damit wäre gewährleistet, dass
bei Ändern des Durchmessers der Welle, an dem der Ausschnitt platziert ist,
immer die Form des Ausschnitts gewahrt bleibt, während bei einem

Durchmesser, dessen Wert größer als das festgelegte Abmaß des Ausschnitts ist, ab diesem Abmaß wieder Material erzeugt wird.

zu 6. Geeigneter wäre hier noch das Rechteckmuster gewesen. Die Vorgehensweise erfolgt analog der Rechteckmustererzeugung für das Modellieren der Bohrungen in der Ventilplatte.

Lösungen zu Kontrollfragen in Kapitel 5

zu 1. Baugruppen (Assemblies (.asm)) entstehen durch Verknüpfen verschiedener Komponenten. Bei diesen kann es sich um Einzelteile, also Parts (.par), oder Unterbaugruppen, also wiederum Assemblies (.asm), handeln.

zu 2. Ja, eine Baugruppe kann als Komponente in einer Hauptbaugruppe eingebaut werden. Dort stellt sie eine Unterbaugruppe der Hauptbaugruppe dar.

zu 3. Beim Bottom-Up-Schema werden erst die Einzelteile einer Baugruppe modelliert und anschließend diese zur Baugruppe zusammengesetzt.

zu 4. Beim Blindflansch wurde die Konstruktionsmethode Top-Down verwendet. Hier wird von der Gesamtbaugruppe ausgegangen und die Einzelteile stückweise modelliert.

zu 5. Ein freier Körper hat im Raum 6 Freiheitsgrade: 3 translatorische und 3 rotatorische.

zu 6. Eine vollständig eingebaute Komponente hat keinen Freiheitsgrad, da alle durch Bedingungen festgelegt sind.

zu 7. Die Positionierungsmöglichkeiten einer Sechskantschraube sind:

- Aufsetzen des Schraubenkopfes (ebene Fläche auf ebene Fläche)

- Koaxialität des Bohrloches und des Schraubenschaftes

- Parallelität einer Seitenfläche des Schraubenkopfes zu einer ebenen Fläche

zu 8. In die Welle können Referenzebenen, wie in Abschnitt 5.7.3 bei der Platzierung des Hebels beschrieben, eingeblendet und diese zum Platzieren verwendet werden.

Lösungen zu Kontrollfragen in Kapitel 6

zu 1. Auf dem Arbeitsblatt werden Zeichnungsansichten, Bemaßungen und Anmerkungen platziert. Einem Arbeitsblatt wird ein Hintergrundblatt angeheftet. Über das Hintergrundblatt kann man auf Titelblock und Rahmendaten zugreifen, die dann auf mehrere Arbeitsblätter abgebildet werden können. Das Hintergrundblatt dient nicht zur Abbildung der Zeichnungsansichten.

zu 2. 1. Schritt: Button SCHNITTVERLAUF ⇒ die zu schneidende Ansicht anklicken

       2. Schritt: Schnittverlauf erzeugen ⇒ SCHNITTVERLAUF SCHLIEßEN

       3. Schritt: Richtung des Schnittverlauf durch Anklicken festlegen

       4. Schritt: Button SCHNITT ⇒ den Schnittverlauf anklicken und die Ansicht platzieren

zu 3. Es gibt die Möglichkeit, die Maße der im Part-File bemaßten Skizze in die Zeichnung zu übertragen: Button BEMAßUNGEN ABRUFEN anklicken und die entsprechende Zeichnungsansicht anklicken.

zu 4. 1. Schritt: Ansicht mit rechter Maustaste anklicken

       2. Schritt: EIGENSCHAFTEN ⇒ Registerkarte ANZEIGE

       3. Schritt: Haken bei VERDECKTE KANTEN entfernen ⇒ OK

zu 5. Zuerst im Part-File Material zuweisen über Menüleiste PRÜFEN ⇒ Gruppe PHYSIKALISCHE EIGENSCHAFTEN ⇒ EIGENSCHAFTEN ⇒ Button ÄNDERN ⇒ entsprechendes Material aus der Datenbank auswählen ⇒ Button MODELL ZUWEISEN ⇒ Button AKTUALISIEREN ⇒ alle Kontrollkästchen SYMBOL ANZEIGEN deaktivieren ⇒ SCHLIEßEN ⇒ SPEICHERN des Part-Files ⇒ Ableiten einer Zeichnung ⇒ Button LEGENDE ⇒ EIGENSCHAFTSTEXT ⇒ INDEXREFERENZ ⇒ MASSE auswählen ⇒ Doppelklick mit linker Maustaste ⇒ OK ⇒ OK ⇒ Platzieren der Legende MASSE ⇒ Bezugslinie deaktivieren.

zu 6. Nach dem Platzieren der Stückliste auf dem Arbeitsblatt wird die Stückliste mit rechter Maustaste ⇒ EIGENSCHAFTEN die Reiterkarte LISTENSTEUERUNG ausgewählt. Im linken Baum wird die Unterbaugruppe mit linker Maustaste ausgewählt und anschließend unter der Gruppe UNTERBAUGRUPPEN der Radio-Button auf BAUGRUPPENKOMPONENTEN EINSCHLIEßEN eingestellt. Nach Drücken des Buttons OK wird die Stückliste aktualisiert.

Lösungen zu Kontrollfragen in Kapitel 7

zu 1. Es gibt Formschräge, Dünnwand, Rippe, Versteifungsnetz, Lüftungsgitter, Befestigungsdom, Abformung und Lippe.

zu 2. In der Formatierungsleiste den Button DÜNNWAND ⇒ OFFENE TEILFLÄCHE anklicken ⇒ alle gewünschten Teilflächen anklicken ⇒ akzeptieren ⇒ VORSCHAU ⇒ FERTIGSTELLEN.

zu 3. Die angefertigte Skizze im PathFinder anklicken ⇒ mit rechter Maustaste
       PROFIL BEARBEITEN und die Skizze verändern (z. B. Rippen und Holme
       zufügen) ⇒ SKIZZE SCHLIEßEN ⇒ FERTIGSTELLEN. Über den Path-
       Finder das Feature Lüftungsgitter nachträglich bearbeiten: mit der rechten
       Maustaste das Lüftungsgitter auswählen ⇒ DEFINITION BEARBEITEN
       anklicken und dann über die Formatierungsleiste die zusätzlichen Rippen und
       Holme hinzufügen ⇒ FERTIGSTELLEN.

zu 4. Der Abstand zwischen der einzustellenden Parallelebene und der Grundplatte
       kann zu groß gewählt sein, so dass die Verstärkungsrippen, die mit einem
       Winkel angegeben werden, über die Grundplatte hinausragen. In diesem Fall
       wird eine Fehlermeldung angezeigt.

zu 5. Bei beiden muss eine parallele Ebene definiert werden, da bei beiden Features
       das Material zum Volumenkörper erzeugt werden muss. Es ist empfehlens-
       wert, die parallele Ebene separat zu erzeugen.

zu 6. Zuerst sollte beim Modellieren eines Versteifungsnetzes eine separate paral-
       lele Ebene erzeugt werden. Auf dieser Ebene sollte am besten eine separate
       vollständig bestimmte Skizze erstellt werden.

zu 7. Die Stärken der Rippen und Holme können nachträglich im PathFinder mit
       DEFINITION BEARBEITEN geändert werden.

zu 8. Zuerst wird das Einzelteil im Zusammenbau eingefügt und anschließend über
       Button VOR ORT ERSTELLEN diejenige Teilfläche ausgewählt, an der das
       Gegenstück der Lippe angebracht werden soll.

Sachwortverzeichnis

Solid Edge-Funktionalitäten, die über Buttons, Menüleiste oder mit Hilfe rechter Maustaste aufgerufen werden, sind in diesem Verzeichnis in Großbuchstaben gekennzeichnet.

© Der/die Herausgeber bzw. der/die Autor(en), exklusiv lizenziert an Springer Fachmedien Wiesbaden GmbH, ein Teil von Springer Nature 2026
M. Schabacker, *Solid Edge 2025 für Einsteiger – kurz und bündig*, https://doi.org/10.1007/978-3-658-49835-1

Springer

Michael Schabacker

Solid Edge 2025 für Fortgeschrittene – kurz und bündig

Basiert auf Solid Edge 2025

Enthält Teilefamilien, Engineering Reference-Formelelemente, FEM und Topologieoptimierung

Gibt verlässliche Leitplanken beim Erarbeiten des Lernstoffes dank des tabellarischen Aufbaus

Edition No: 4
©2026

Erweitern Sie Ihr Wissen und sichern Sie sich jetzt Ihr eBook oder gedrucktes Exemplar

Bestellen Sie hier auf Springer Nature Link

link.springer.com/book/
9783658498450

Zeitfracht Medien GmbH
Ferdinand-Jühlke-Straße 7
99095 Erfurt, Deutschland
produktsicherheit@kolibri360.de